Pauline Charlène MATOTOU-TEMBY

L'histoire d'une vie tumultueuse

Pauline Charlène MATOTOU-TEMBY

L'histoire d'une vie tumultueuse

De l'Amour à l'amour

Éditions Croix du Salut

Imprint

Cover image: www.ingimage.com

Publisher:
Éditions Croix du Salut
is a trademark of
Dodo Books Indian Ocean Ltd., member of the OmniScriptum S.R.L Publishing group
str. A.Russo 15, of. 61, Chisinau-2068, Republic of Moldova Europe
Printed at: see last page
ISBN: 978-620-3-84163-3

L'HISTOIRE D'UNE VIE TUMULTUEUSE : DE L'AMOUR À L'AMOUR.

SOMMAIRE :

AVANT-PROPOS

Pour profiter pleinement de cet ouvrage, il faudrait le prendre comme ce qu'il est, une découverte, une envie d'apprendre, de voyager dans chaque page et surtout de savoir qu'avec **Jésus** tout est possible et que le mot « ***impossible*** » n'appartient pas à son dictionnaire.

Je l'ai écrit avec l'aide de **Saint Esprit** pour toi et tu le lis. Cela n'a pas été facile mais **Saint Esprit** a conduit toute chose.

J'ai voulu baisser les bras car il s'agissait de parler de ma vie, je me demandais aussi qui allait le recevoir et voilà que tu le fais.

2 Timothée 1 :7 Version Semeur « **Dieu nous a donné un Esprit qui, loin de faire de nous des lâches, nous rend forts, aimants et réfléchis.** »

Le faire sortir pour moi est à la fois un challenge car ma vie est mise dans chaque ligne pour servir de témoignage de la **Gloire de Dieu** et pour aider toutes ces personnes qui traversent ce genre de choses. Savoir que tu n'es pas la seule personne à l'avoir vécue et que **Dieu** est cette main qui vient nous sortir de toute situation. Quand tout semble compliqué, IL arrive toujours à agir.

Puisse Saint Esprit ouvrir les yeux de ton esprit, pour que tu puisses à travers chaque chose dite te retrouver, t'en sortir et à ton tour, être cette personne qui bénira les autres par son témoignage.

Que la Grâce de Dieu t'accompagne tout au long de ce voyage.

MATOTOU-TEMBY Pauline Charlène.

REMERCIEMENTS

Je tiens à remercier mon Père dans la foi et mon Père spirituel car aujourd'hui c'est leur onction qui coule sur moi, surtout celle de mon Père dans la foi en ce qui est de l'écriture.

Écrire n'a pas toujours été une passion car je trouvais cela fatiguant, lassant, moi j'aime parler ; mais en lisant ces ouvrages ; surtout ceux dédiés à mes méditations quotidiennes ; cette soif d'écrire ce que Jésus a fait pour moi a commencé à augmenter en moi. Leur prière et leur couverture m'ont toujours accompagnée.

Je bénie le Seigneur pour leurs vies.

Mes remerciements vont à l'endroit de toutes ces personnes qui de prêt ou de loin, m'ont toujours soutenue et assisté.

A Jésus mon TOUT, Seigneur et Sauveur, qui me donne aujourd'hui ce témoignage,

A mon précieux ami, celui qui est fidèle en toute chose, la main puissante, le secours inespéré, l'expert des experts, je voudrais simplement dire Saint Esprit.

Cet ouvrage est son œuvre, si je ne le relis pas entièrement, il y a des parties que je ne pourrai te répéter, mais lui qui l'a écrit par mes mains le sait.

Je ne pourrai pas oublier mes Responsables qui ont toujours priés pour moi, en particulier ma maman Pasteur Valérie ; une femme qui m'a toujours regardé comme sa fille et qui dans le secret se bat pour moi , mon AP Ruben et son épouse Vicentia; un homme au grand cœur toujours disponible, le couple ouragan ATCHO comme je les appelle ; toujours disponible pour moi, des aînés qui m'ont vraiment challengé dans la foi , mon Berger Max qui m'a toujours poussé à vouloir connaître plus de Saint Esprit et à le mettre en premier dans ma vie. A, AP Adeline, Bergère Danielle communément appelée

Sista Dany, une maman en or, Berger François, Berger Tété et son épouse, Bergère Denise et son époux Berger Serge ZERE, Bergère Sonia, Berger Paul, Berger Marius, Berger Roch mon encadreur qui me soutient beaucoup dans le secret.

Au couple DIAKHITE, des amis et des parents qui ont toujours été là pour moi, que Jésus se souvienne toujours de vous.

Le couple LATT, des parents que le Seigneur m'a donnés.

A toutes mes sœurs que je ne pourrai pas oublier : Euphrasie, Cléa Angie, Danielle, Luxe, Paula, Laure, Ersilia, Zoé, Esther Joy, ma Responsable Stéphanie, Cléa, Ophélie, Khissy, Haniel, Marie-Pascale, à mes binômes Georges SAMBIA, Saran et Mercia, au moniteur Divine qui est une grande sœur, sans oublier mes bébés Hillary et Zita et à toutes les autres que je ne pourrai pas citer.

Ces remerciements n'auraient pas tout leur sens si j'oubliais cet homme admirable et remarquable que Dieu m'a donné, un homme qui m'a aimé telle que je suis sans pourtant regarder aux commentaires des autres, un homme qui est toujours là pour me porter, je voudrais dire mon fiancé qui sous peu sera mon magnifique époux.

A ma famille biologique, principalement ma maman, cette femme qui s'est battue pour moi, pour que je ne manque de rien. A mon fils, qui a toujours des paroles pour me dire d'avancer, à mes sœurs et enfants qui sont toujours présents dans ma vie, à mes oncles Hervé et Mbou qui m'ont toujours soutenu comme ils peuvent.

Je vous aime tous de l'amour du Seigneur.

INTRODUCTION

« Si vous semez ce qui est juste, vous récolterez la bonté, Défrichez pour vous un nouveau champ. C'est le moment de me chercher, moi, le Seigneur, en attendant que je vienne faire pleuvoir sur vous la justice »

Osée 10 :12 PDV

Je viens par ces mots, vous transporter dans mon parcours avec **Jésus**, une personne dont j'avais toujours entendu parler comme ce petit enfant dans la crèche, mais dont je ne connaissais pas la Puissance et la Présence véritable.

Te dire que le Seigneur m'a enlevé des ténèbres pour la lumière.

A travers ces mots, je te partage un témoignage et je veux également te dire de ne penser pas que ta vie est finie. Le diable peut avoir construit des forteresses dans tes pensées car tu lui as cet donné accès, mais sache qu'il n'est pas celui qui t'a donné la vie, il n'est pas celui qui a le pouvoir sur ta vie.

Jésus est **Tout**, la Bible te dit qu'IL est ; dans **Jean 14 : 6** « **Jésus lui dit : Je suis le chemin, la vérité, et la vie. Nul ne vient au Père que par moi.** » Trois dimensions de sa personne nécessaire pour la marche vers le salut.

Par ces mots, tu dois te relever, tu dois aller de l'avant car l'avenir n'est pas ce que le diable te montre chaque jour, mais la Parole de Dieu qui est en toi et qui te donne la vie et dans **Jean 1 :4** : « **En elle était la vie, et la vie était la lumière des hommes** ». Sers la Parole de Dieu, chéri là de tout ton cœur.

Dieu doit éprouver l'être de chair que tu es. IL doit te faire passer au-dessus et surtout te montrer sa Gloire pour que tu puisses en retour la refléter au monde car tu transportes la présence du Grand et seul Dieu qu'IL est ; quand tu deviens une nouvelle créature afin d'être approuvé par les hommes.

Chaque jour tu te lèves, tu respires et tu penses que c'est le fruit du hasard. Toutes choses sont faites pour la Gloire de Dieu.

Romains 8 :28 « **Nous savons, du reste, que toutes choses concourent au bien de ceux qui aiment Dieu, de ceux qui sont appelés selon son dessein.** ». Ta vie est pour servir le Seigneur, peut être que tu ne l'as pas encore compris.

Non détrompes toi, c'est Dieu qui te permet de vivre pour que tu vois sa Puissance à chaque étape de ta vie et que tu reconnaisses qu'IL est au-dessus de tout et qu'IL est le **Tout Puissant**.

En un mot, IL te fait voir sa Gloire chaque jour mais les circonstances de la vie, tes conditions t'empêchent de véritablement la voir.

Je t'invite à prendre l'eau de la Parole de Dieu pour laver tes yeux qui sont voilés et à me suivre tout au long de cet ouvrage.

Ais juste une attitude, celle de la victoire car je crois qu'après cette lecture, tu seras transformé et tu vas laisser **Jésus** donner un véritable sens à ta vie.

Le périple commence, suis-moi.

IV/ De l'enfance à l'adolescence

Avant toute chose, il faudrait commencer par se présenter.

Je suis une jeune fille au moment où j'écris cette partie j'ai 32 ans.

J'ai eu une enfance assez particulière selon moi.

Une petite histoire ; quand j'étais bébé, je n'avais pas encore 3 mois, une malade mentale est rentrée dans la maison de ma mère sans être vue par qui que ce soit ; et est allé jusqu'à la chambre. Ma mère était sur le lit et moi dans le berceau, et cette femme était venue pour me voler.

Dieu merci ma mère a eu le réflexe de se retourner et de crier à l'aide et mon oncle a pu me récupérer des mains de cette femme. Elle disait « *ils m'ont envoyé la chercher* ».

Pour continuer, mon papa était présent jusqu'à l'âge de 5ans et après il est ne l'était plus dans ma vie. Je le croisais dans la ville ou à son bureau quand j'avais vraiment envie de le voir et de discuter avec lui. Cela a vraiment joué sur mon équilibre émotionnel. Savoir que mon père est en vie et le voir est plus compliqué que rencontrer un président n'est pas une chose évidente pour un enfant.

J'avais une rage contre lui, et en même temps je l'aimais. Même quand la famille parlait mal de lui, je le défendais toujours, mais c'est son attitude qui me décevait énormément.

Du coup ma maman a joué les deux rôles comme elle le pouvait et voulait toujours nous protéger pour que le manque de la présence de notre père ne nous dérange pas vraiment, mais ce n'était pas facile. Je me suis même remise en question, « *et si mon père souhaitait un garçon et ma mère lui a donné une fille* », car dans les souvenirs d'enfance que j'avais de lui, il m'habillait toujours en garçon lorsque nous faisions nos balades les samedis matin.

Ma maman est une femme un peu réservée ; lui parler de certaines choses est assez délicat, du coup quand il y avait des évènements qui se produisaient pour nous, j'hésitais car je me demandais si elle pouvait y croire et surtout comment elle réagirait.

Être enfant n'est pas évident, un enfant a besoin d'écoute et surtout d'être cru pas pour tout aussi bien évidemment (car certaines choses peuvent provenir de notre imagination). Mais pour certaines choses, celles qui effraient l'enfant, les parents doivent s'arrêter et le considérer véritablement, sinon cela pourrait devenir grave pour l'enfant.

Très jeune déjà, je pouvais voir certaines choses spirituelles, mais à qui parler ? Là était la question et le jour où j'ai ouvert mon cœur en le disant aux aînés, ils ont voulu le changer pour accuser la famille de sorcellerie et vraiment c'était horrible.

Ma grand-mère a été accusé de tout par ses petits-enfants, oubliant que le diable est très rusé et dans sa façon d'opérer, il commence par la séparation pour mieux régner, car si vous êtes unis il a dû mal à vous atteindre car il y a une communication entre vous, mais quand cette dernière est rompue, il vient déposer ces mauvaises paroles dans vos esprits et cela vous pousse à vous détruire, vous haïr et si la cause vous est demandé, certains auront mêmes du mal à expliquer ce qui les avaient conduit à agir ainsi. Et malheureusement c'est ce qui s'est passé pour nous.

Il m'arrivait de voir des esprits, de discuter avec eux et de ne pas pouvoir l'expliquer à quelqu'un. De me réveiller en pleine nuit pour aller me soulager et d'être dans un autre monde. Dans une fête et d'être la star de cette cérémonie. Aller dans un cimetière et de me sentir bien à cet endroit car j'étais à l'aise.

Vous n'avez pas idée, un enfant qui voit et qui vit avec toutes ces choses en soi. Qui ne pouvait pas les expliquer par peur d'être traité de menteuse ou de sorcière.

Je dormais avec la peur de me lever dans la nuit car je pouvais voir un serpent autour de mon lit ayant trois couleurs principales ; qui disait être venue pour me garder, et quand je me levais j'allais toujours dans un salon pour une cérémonie et moi j'étais attendue sur le plus haut siège.

Ils disaient que j'étais princesse et que je devais devenir la reine dans pas longtemps, alors il fallait qu'ils veillent sur moi et qu'ils me forment.

A cette époque je vivais ce que je peux qualifier aujourd'hui de « ***chantage satanique*** », je devais accepter ce qu'ils me demandaient car je voyais un parent très proche de moi prisonnier dans un cercueil et cette personne m'appelait à l'aide, criant et pleurant et cela jouait vraiment sur moi. Un enfant qui vit toutes ces choses finira par céder à un moment.

NB : En réalité, un démon prend la forme d'une personne qui t'est familière pour mieux t'amadouer et contrôler tes pensées, alors il ne faut jamais confondre l'esprit et la personne. L'apôtre Paul nous le dit bien dans Éphésiens 6 :12 « Car nous n'avons pas à lutter contre la chair et le sang, mais contre les dominations, contre les autorités, contre les princes de ce monde de ténèbres, contre les esprits méchants dans les lieux célestes. »

J'étais très solitaire dans mon enfance car j'avais toujours des gens du monde invisible avec moi et très colérique, et si tu me demandais, moi-même je ne pouvais pas te dire ce qui le produisait.

Je me souviens que lorsque j'étais triste il pleuvait et que lorsque je me mettais en colère le tonnerre grondait et si je me battais avec une personne je n'avais qu'une seule envie ; voir le sang couler et au fond de moi, j'étais très en colère sans trouver de raisons apparentes à cet état.

Ça montait et pour descendre (la colère) il fallait qu'un aîné crie sur moi et là, je pouvais me calmer.

Je vous partage cette histoire car je sais que certaines personnes vivent cela, mais ne peuvent pas se confier à quelqu'un par peur d'être traité de tous les noms.

En Afrique en particuliers je voudrais dire et dans le reste du monde de façon général, nous devons « metanoia », changer nos mentalités car nous oublions que nous vivons avec l'invisible (qui est très palpable en réalité) et certains s'en servent pour détruire leur semblable.

Les autres l'ont compris et l'exploitent à mauvais escient et cela détruit le monde, alors que si nous le faisons bien nous pourrons appeler le **surnaturel divin** sur terre.

Les enfants disent avoir de meilleurs amis, ils ne mentent pas car des esprits mal intentionnés s'attachent à eux quand ce ne sont pas les anges désignés pour notre propre sécurité par le **Père** qui sont là. Ils mettent dans leurs têtes de mauvaises idées et cela change leur attitude vis-à-vis des autres enfants et d'eux-mêmes également, les emmènent souvent à devenir solitaire et renfermés, voulant juste être avec ce soi-disant « ami imaginaire ».

Avec tout cela en moi, j'ai dû grandir et me forger un caractère et des habitudes qui pour moi semblaient bonnes. Ce qui n'était pas forcément bien pour les autres. J'étais très autoritaire, je parlais peu, mais je savais m'imposer.

Quand je voulais une chose je l'obtenais toujours car je ne parlais pas beaucoup, mais une fois ma bouche ouverte, tu ne pouvais pas me dire non. J'étais aussi très gentille, il ne faut pas oublier cela.

Ce n'était pas facile d'être la plus grande des filles car il fallait donner l'exemple et toujours rester debout même quand ça n'allait pas, cela a joué sur mes résultats scolaires quand j'étais en classe d'examens mais ne pouvant pas parler et surtout ne sachant pas à qui le dire, je faisais des dépressions et cela n'était pas vue et su par mes alentours.

C'était horrible, car je vivais ces oppressions quand je devais passer un examen, à chaque fois cela devenait pire.

Je me souviens de l'année 2009, nous avons dû aller chez un tradipraticien pour voir ce qui n'allait pas car une de mes sœurs aussi vivait cela une fois en classe d'examens (échec aux examens même quand nous avions de bons résultats scolaires et que nous pensions avoir bien travaillé. Une année mon numéro au baccalauréat est sorti mais avec le nom d'une autre personne pour ne dire que cela). Et ce jour, des choses nous avaient été dites et nous y avons cru car nous étions toutes les deux en classe d'examen et que nous avions aussi besoin des paroles pour nous apaiser et nous consoler de nos échecs précédents.

Mais ce n'était pas vrai car il fallait avant tout confier l'année au Seigneur, travaillé sans me relâcher, sans accepter l'oppression que je devais subir.

Cette année j'avais décidé de ne pas faire honte à ma mère et de me donner à fond, de ne pas me laisser décourager et de faire tout le nécessaire pour y arriver. Cette année je priais et je demandais à Dieu son aide car j'étais fatiguée de tout cela. J'ai véritablement crié à lui de tout mon cœur, et je vous assure que cette année les choses se sont passées comme si j'étais dans un film, je me rappelle encore bien de l'épreuve de mathématiques, je l'ai faite en trente minutes alors que c'était pour trois heures, je n'avais même pas utilisé un brouillon et comme je ne voulais pas qu'on dise que j'avais triché je suis resté sur ma chaise et je riais car Dieu avait commencé à me répondre.

Et c'est Dieu qui est venu à mon secours, pas les potions que le « tradipraticien » nous avait donné à boire et avec lesquelles nous devrions aussi nous laver. A un moment le diable voulait encore me distraire car j'étais admissible, il m'a dit tu vas échouer et j'ai dit non, je refuse de t'écouter cette fois ci. J'avais été admissible à cause d'un écart de 0.02 point sur mon résultat final. Mais je restais confiante, je suis allée passer mon deuxième tour dans la paix, et les épreuves qui venaient surtout celle de La Science de la vie et de la terre était un jeu pour moi, mon professeur faisait partit des jury, pas ceux qui devaient m'interroger ce jour ; cet homme, paix à son âme a décidé de venir devant moi pour voir si j'allais bien répondre (l'exercice que j'avais tiré ce jour était celui que je refusais toujours de résoudre lorsqu'il nous donnait un devoir, alors il avait peur, mais je vous assure que ce jour, je n'ai pas eu besoin d'écrire sur le brouillon qui m'avait été remis, c'était un écran qui s'est affiché devant moi et je n'ai fait que lire et je me rappelle qu'il a versé des larmes car il était content).

Cette année j'ai obtenu mon baccalauréat et j'ai eu une mention. Pour couronner le tout ; j'ai eu une bourse pour l'étranger. J'ai fait confiance à Dieu, je n'ai pas douté de lui-même quand je suis allée au deuxième tour et j'ai refusé ce que le diable disait et il m'a soutenue.

Et les années passèrent jusqu'à ce que l'Esprit me conduise à écrire ces mots, qui sont un témoignage à la Gloire de Dieu.

Tu auras l'impression de basculer d'une période à une autre à travers ces pages mais ne t'inquiètes pas Saint Esprit sait pourquoi une chose et pas une autre.

Ces récits sont pour te dire que tu n'es pas seul et que d'autres comme toi traverse cela et peut être pire que ce que toi tu vis.

Assise sur ma chaise, devant mon ordinateur de bureau, je me posais un grand nombre de questions.

Était-ce l'histoire qui se répéta ? Comment allais-je faire face à cette situation ? Mais tout au fond de moi, il y avait de la paix, des doutes oui, des craintes également ; des émotions contraires mais il fallait y penser.

Mais un nuage de paix, portait mon cœur et mes pensées, un grand sentiment d'assurance, pas de désespoir.

La peine d'être à nouveau dans cette situation d'il y a quelques années ne pouvait m'empêcher d'être soucieuse et pensive, car j'avais voulu aimer cet homme qui aujourd'hui donnait des paroles de désengagement, il se retirait avec la plus belle des excuses « *je ne suis pas préparé pour ça, et si c'était le cas, je serai vraiment dans la merde* ». Me disant par ces mots, qu'un enfant se concevait seul, comme si cela était possible pour ce cas bien précis… En dehors de Jésus qui est venu ainsi.

Son coach, lui avait pourtant donné plusieurs conseils sur ce sujet, lui disant de faire attention, car tout ce qui brille n'est pas or, et surtout de « *fermer les ciseaux avant le mariage* ». Mais j'avais pensé que sa façon d'agir était tout à fait innocente et que je pouvais à nouveau faire confiance à un homme à ce moment, erreur…

Des questions et des pensées qui taraudent dans mon esprit, je me croirais à un défilé de pensés ; mais je dois bien garder la tête haute. Je dois rester forte, un mariage annulé n'est pas la fin d'une vie.

Ayant l'impression de retomber dans le cauchemar d'il y a sept ans, je m'inquiétais. Qu'allait dire mon entourage sur moi, ma famille alors que j'étais en train de préparer mon mariage depuis trois ans.

Assez difficile, mais la seule personne qui pouvait me sortir de cette situation était **le Dieu qui est au-dessus de toute chose et le seul à avoir le dernier mot, mon Père, dont j'étais fière d'être la princesse** (assez triste aussi d'avoir commis une faute de ce genre, mais mon espoir réside en lui).

Et là je suis rentré dans une grande confusion, à tous les niveaux je peux dire. Je me perdais dans tous les sens, aucun domaine de ma vie n'avait été épargné de cela. Alors je cherchais un endroit où aller me réfugier pour avoir totalement la paix.

V/ DU TUMULTE AU CHEMIN

Psaumes 34 : 8 « L'ange de l'Éternel campe autour de ceux qui le craignent, et il les arrache au danger ».

Tout au début de ma vie j'étais catholique (comme je le disais avant, je suis née catholique à cause de mes parents, mais c'est une mauvaise façon de parler). En allant à l'église je ne trouvais plus de satisfaction, mon cœur n'était pas en paix et j'ai commencé à ne plus aller fréquemment et à chercher des excuses les jours de messe ; me dire que j'étais occupée et cela apaisait mon cœur.

Je voulais savoir qui était véritablement Dieu et avoir la preuve même de son existence. J'ai toujours eu un esprit cartésien et pour moi tout devait être logique et même pour Dieu il me fallait avoir une preuve de son existence. Mes parents étaient bel et bien réels et devant moi, mais j'entendais parler de Dieu, mais je ne le voyais pas ; alors je devais me démontrer qu'il était vrai ou que c'était juste histoire qu'on nous racontait pour simplement nous apaiser.

J'ai commencé à être troublé et à me sentir mal à l'aise et jugé par les regards des autres quand je me trouvais à l'église, j'étais honteuse et me disait que j'étais jugé ; alors que personne ne me regardait, mais des pensées sortis de nulle part envahissaient ma tête. J'étais aussi un peu rebelle dans mon esprit car je n'acceptais pas tout ce qui était dit, car il n'y avait aucunes preuves palpables de ces choses.

Je voulais avoir la preuve de son existence et que ce qui nous était raconté à l'église n'était pas logique **« Que Dieu n'a ni commencement ni fin** » car la science disait une chose « **L'homme est le descendant du singe et a subi plusieurs transformations au fil du temps** » et l'église me disait une autre chose aussi.

Au départ j'avais une grosse colère contre Dieu, car je me disais comment il peut être dans son ciel et ne pas voir tout ce que je vis, comment il fait pour ne pas voir ma souffrance, je prie mais c'est comme s'IL est sourd à mes prières, IL répond aux autres mais pas à moi. LUI aussi il est contre moi ?

Moi, j'avais besoin de savoir dans quoi j'étais sincèrement et s'IL était vraiment au ciel, car à l'église j'entendais que Dieu me voyait, mais à mon tour je ne le voyais pas. Mon esprit avait besoin de réponses et n'était pas en paix, j'étais tout le temps troublé.

Or la Parole dit dans **Philippiens 4 :7** « **et la paix de Dieu, qui surpasse toute intelligence, gardera vos cœurs et vos pensées en Jésus-Christ** ». Moi je manifestais le contraire et cela ne venait pas de Dieu.

Du coup, j'ai commencé à me chercher une autre croyance qui me plairait et qui me donnerait la paix et surtout la liberté car je me sentais contrainte d'aller à l'église juste pour avoir à répondre si ma mère me demandait au cours de la journée si j'étais allée à l'église le matin, la même Parole de Dieu dit que **Romains 14 :23c** « **Tout ce qui ne provient pas d'une conviction de foi est péché** » et moi je demeurais dans ce péché, je me sentais obligé de vivre une vie, juste pour faire plaisir aux autres.

Je ne lisais plus la Bible, et je pouvais même faire une année sans l'ouvrir, pourtant elle était posée à mon chevet de lit ; prenant la poussière et décorant ma table. En fait j'étais l'opposé de ce verset que j'ai vraiment appris à comprendre **Josué 1 :8** « **Que ce livre de la loi ne s'éloigne point de ta bouche ; médite-le jour et nuit, pour agir fidèlement selon tout ce qui est écrit ; car c'est alors que tu auras du succès dans tes entreprises, c'est alors que tu réussiras.** »

Je là laissais ouverte sur le **Psaumes 51,** car pour moi il suffisait à mes ennemis de voir la Bible et tous mes livres de prière ouverts pour qu'ils me laissent en paix, selon moi ces versets devaient me défendre d'eux-mêmes.

Je me rappelle encore de cette Parole qui dit dans **Osée 4 :6a** « **Mon peuple est détruit, parce qu'il lui manque la connaissance** ».

La vie, je ris en ce moment mais la foi ne marche pas comme ça et c'est de cette façon que plusieurs réfléchissent. Nous pensons qu'avoir une Bible et des livres suffisent pour être sauvé.

C'est quand j'avais de sérieux soucis que je me mettais à genoux que je me rappelais de Dieu et là, je priais de tout mon cœur et de toutes mes forces, je pleurais même très fort pour que Dieu me remarque dans toute cette foule.

La Bible était juste un secours pour moi dans les temps difficiles, je là lisais juste comme un livre et rien de plus. Il fallait aussi être cette personne qui avait retenue des versets pour discuter avec les autres à l'église car il y avait des « ***bibles ambulantes*** » au milieu de nous, qui connaissaient tous les versets mais qui agissaient de façon contraire.

Pour tout vous dire, cela m'ennuyait car je trouvais que c'était juste des histoires qui ne concordaient pas avec ma réalité et je me perdais, alors ne pas lire m'aidait vraiment. Je me concentrais sur mes films, ma musique et les dessins animés, ça au moins c'était devant moi et m'aidait à me détendre.

L'église dans laquelle j'allais à cette époque ne nous avait pas dit que c'était obligatoire de la lire (La Bible) à la maison, c'était assez formel, nous venions pour participer à la messe et sans plus après la messe chacun rentrait chez lui et je ne m'engageais même pas dans les activités que l'église organisait pour les jeunes gens. Je considérais cela comme une perte de temps ; me disant j'ai mieux à faire à la maison et je suis à l'étranger, si quelque chose m'arrive, qui va répondre pour moi. Il est mieux pour moi, d'aller chez moi au moins là-bas je suis en sécurité.

Avant oui, j'étais vraiment engagé, je me disputais même avec ma mère juste pour aller à une veillée de prière, des retraites, mais j'avais perdu ce zèle, moi-même je ne sais pas où il est passé. En peu de temps.

Je compris que je n'étais pas bien convertie et que je n'étais pas à la bonne place.

Vous savez à un moment ce qui vous ai donné ne vous suffit plus ; la « nourriture » que je mangeais (**la nourriture c'est la Parole de Dieu**) à l'église ne me suffisait plus, je ne me retrouvais plus dedans, c'est ce qui m'a emmené dans une grande confusion. Je cherchais un refuge mais je n'en avais pas.

Et là, mon entourage a joué sur moi comme dit dans **1 Corinthiens 15 :33** « **Ne vous y trompez pas : les mauvaises compagnies corrompent des bonnes mœurs.** »

Je suis dans un pays à majorité musulmane et la majeure partie de mes ami(e)s le sont, les petits amis que j'ai eu à choisir l'étaient également.

Pour expliquer mon choix de petits amis, j'ai été sujette à une grosse déception amoureuse qui n'a pas été soigné. Du coup, je ne voulais plus m'attacher à un chrétien car pour moi ils m'avaient assez déçu et c'était tous des menteurs qui se servaient juste de la Bible pour venir mentir aux gens ; abuser de leur naïveté et s'en aller quand ils auraient obtenu ce qu'ils voulaient.

Je n'avais pas guéri mes blessures passées en allant devant le Seigneur comme le dit **Psaumes 147 :3** « **Il guérit ceux qui ont le cœur brisé, il panse leurs blessures.** » En réalité, je ne savais pas que cela se faisait, pour moi, tu devais juste pleurer, t'acharner sur Dieu, crier chaque jour et les choses allaient passer.

La vie loin du Seigneur est une utopie.

Une vraie forteresse dans laquelle j'avais décidé de me réfugier car pour moi c'était ce qui me convenait. Cela explique le choix de petits amis que j'avais et des hommes mariés auxquels j'étais particulièrement collée ; car n'ayant pas eu une présence paternelle pour m'encadrer, je cherchais toujours cette affection et avoir un homme plus âgé que moi, du moins vieux cela me rassurait car pour moi ils étaient matures et j'étais en sécurité avec eux. Mon besoin était juste d'avoir une personne avec qui échanger sans aller loin en ce qui concerne les relations intimes.

Cette petite explication précédente pour vous dire que tout en moi avait déjà un penchant vers l'islam et là ; j'ai commencé à m'y intéresser avec un œil inquisiteur. Je posais des questions autour de moi, pour savoir comment se convertir et ce qu'il fallait, et à la suite de cela, mes recherches m'ont conduite à télécharger le coran en français et à le lire.

Les gens autour de moi m'encourageaient vivement car selon eux c'était le meilleur choix à faire pour moi et cela allait faciliter mon intégration dans ma belle-famille vue qu'à cette période je devais me marier à un musulman et lui aussi ; il me disait que si nous nous marions les enfants seraient à lui (que dans leur religion c'est l'homme qui a le dernier mot sur le choix de religion des enfants de leur naissance à la majorité) du coup, je me disais que c'était la volonté de Dieu.

Les choses s'assemblaient tellement bien, je me disais que c'était là son choix pour moi (le choix de Dieu pour moi) et j'ai commencé à vraiment m'intéresser à cela de plus prêt.

Savoir comment la femme doit se comporter, j'avais même commencé à mettre un foulard sur moi en 2016, faire des ablutions en allant me laver pour me « purifier », jeûner pendant le mois de ramadan pour commencer à m'imprégner de cette religion et me dire que c'est le bon chemin.

Le contraste c'est que je ne savais priée que comme une chrétienne alors après m'être lavé je récitais les prières que je connaissais.

J'ai une amie qui faisait la même chose et ça ne la dérangeait pas, donc c'était normal pour moi.

J'étais vraiment dans l'erreur et cela m'a quand même aidé à savoir ce que je recherchais véritablement.

Cette quête m'a conduite à vraiment chercher ce qu'il ne fallait pas. J'avais un besoin en moi qui ne trouvais pas de satisfaction, malgré mes recherches je n'avais pas une eau qui pouvait étancher ma soif et je me suis laissée entraîner dans le maraboutage, le fétichisme juste pour avoir des solutions à mon besoin.

Dans la même foulée, j'avais commencé à faire des recherches sur une secte car à cette période aussi j'avais eu des contacts avec des personnes appartenant à des sectes sur internet et un ami m'encourageait bien dans cela, car cela pouvait changer ma condition de vie. Et j'avais pris goût en me disant que tout allait changer pour moi. Chaque jour il me disait de me lancer car tout allait changer pour moi, et que peut être ce qu'on raconte n'est pas vrai. Je voulais vraiment le vérifier par moi-même.

Je me cherchais à cette période financièrement et ce n'était pas la joie, c'était l'issue idéale pour moi.

Franchement, je ne sais pas comment cette histoire est sorti de ma tête, je me souviens juste qu'un matin j'eus le dégoût de cela, je voyais les choses différemment et je me suis retiré de ce groupe dans lequel je devrais confirmer mon adhésion le jour même.

Et cette année pour couronner le tout je me fracturais le bras en sortant de la douche. Au vue de toutes ces choses qui me fatiguaient, cette confusion dans laquelle j'étais ; je décidais d'aller me reposer dans mon pays et voir ma famille car ça faisait vraiment longtemps et certainement après ce séjour, les choses rentreraient en ordre.

J'avais besoin de paix et surtout de changer d'air car trop de choses étaient en moi et j'avais besoin d'évacuer toute cette charge émotionnelle qui m'étouffais.

Malgré tous les soucis que j'avais durant cette année, Dieu a pourvu abondamment, IL a envoyé des personnes vers moi qui se sont chargés de mon billet, des cadeaux que je devais envoyer au pays mais aussi de mes frais de séjour. Et je me suis retrouvée en famille.

VI/ RETOUR VERS LE DÉSORDRE SENTIMENTAL

12/09/18

Un mois après mon retour de voyage, car cette année, j'ai pu aller en vacances dans mon pays pour voir ma famille.

Cela fut pénible, difficile, vue tout ce qui se passait, ce qui a été trouvé dépassait mes attentes. Il eut des moments de pleurs, de tristesse, de joie, de prières et de grosse colère. Malgré tout cela, le séjour s'acheva et je rentrais.

Pensant que la distance avait réellement fait changer certains, je me rendis compte que cela provoquait pour une partie de la colère et pour d'autre la joie. Les retrouvailles furent belles et l'amour était aussi présent, encore plus.

Plusieurs questions sont présentes dans mon esprit en ce moment, je me demande s'il m'aime toujours ? Pourquoi se comporte-t-il souvent de la sorte avec moi ? J'ai le droit d'être heureuse, car même celui qui a décidé de ma venue sur terre ne me fait pas pleurer comme ces hommes. « ***Dieu donne-moi la force de toujours t'aimer et te servir malgré toutes ces péripéties ».***

« Retourner aux sources est bien, mais cela nous rappelle que nous avons plusieurs choses qui sont liées à nos sources et que faire un nettoyage est important surtout quand la source est un peu corrompue ».

02/10/2018

Cette période de turbulence sentimentale m'avait ouvert les yeux sur plusieurs points ;
Ma croyance et ma foi en Dieu. Est-ce que j'étais sur la bonne voie avec Dieu ?
Vous savez j'étais en relation en réalité avec un homme qui n'avait d'intérêt que pour lui-même.

Une relation dans laquelle tu es seule en réalité, quand tu es souffrante ou que tu traverses une période difficile, tu dois t'en sortir seule et lui, il revient quand tout va bien.
Vous savez Dieu nous parle toujours mais nous ne faisons pas attention.
Il y avait trop de signes qui étaient visibles par les autres et que je refusais de voir, car j'avais peur de souffrir à nouveau.
Le seul désir qui était le sien était être en intimité avec moi, mais avoir des projets en dehors de ce « soi-disant mariage » que moi je préparais de mon côté, il n'en existait pas (en réalité, sa famille n'est jamais venue me voir ou demander à voir mes parents, il était le seul intermédiaire et le seul qui pouvait me donner des réponses quand mes parents posaient des questions. Je n'étais jamais allée chez lui et n'avais jamais rencontré ses sœurs. Je comprends aujourd'hui l'attitude de mes parents quand ils ont demandé qu'une enquête soit menée sur lui pour savoir qui étaient ses parents).
Pendant mon séjour au pays, notre relation était finie car il n'avait pas l'assurance que je reviendrais. Il disait être amoureux mais son attitude était contraire. Et ce jour quand j'ai pu le contacter il m'a dit : « *vue que tu pars, la relation est finie, si tu reviens elle reprendra* », il le disait avec un air vraiment triste et j'ai même eu l'impression d'être la mauvaise dans cette histoire, alors qu'il jouait avec moi.
Les femmes nous devons avoir le discernement quand certains signes paraissent trop évidents. C'est vrai l'amour rend aveugle comme les hommes le disent, mais quand tout semble évident c'est toi qui décide de rester aveugle, sors de cela.
Et à mon retour, je me suis empressé de lui dire que j'étais arrivée car je pensais que le temps passé loin de lui avait quand même servit à quelque chose. Vous allez rire.
Il n'avait pas changé, il était toujours le même et là j'ai commencé à ouvrir mes yeux. Vous savez j'avais peur d'une chose, je me disais que c'était lui mon avenir, s'il ne m'épousait pas j'irai mal et vraiment je pouvais même me suicider, je le percevais comme l'homme idéal.
Quand tu n4as pas encore compris la vie, tu vis dans de perpétuels troubles, des confusions qui ne finissent pas.

En réalité, cet homme en dehors de me conduire avec sa voiture et de souvent payer la facture au restaurant, ne faisait rien d'exceptionnel pour moi. Même la crème du corps que je frottais ce n'était pas lui qui la prenait en charge, mais sur quoi exactement il était mon idéal ? et là mes yeux ont commencés à s'ouvrir.
Choisissons l'homme que Dieu a destiné pour nous et non le désir de notre chair.

Il fallait reconnaître que toutes ces choses avaient été enfouies au fond de moi ; et à cause de mes précédents déboires, la confiance, aussi avait disparu car je me sentais seule et abandonnée.
Ce que j'oubliais par-dessus tout est que Dieu est l'homme qui m'a le plus aimé et le seul qui m'aime avec mes défauts et le peu de qualités que je possède. La vie nous réserve des surprises, l'entourage est mauvais et sournois, même les amitiés tissées nous montrent que nous sommes « seules » et que Dieu est celui sur lequel nous pouvons compter en toutes circonstances.

La famille étant loin, certaines choses ne pouvaient se dire ou se voir, mon amie en qui j'avais vraiment confiance m'avait déçu, mais je pouvais toujours compter sur cette puissance invisible qui était là pour me comprendre et m'écouter dans les moments de joies comme dans les moments de tristesse.
Aujourd'hui, je cherche un homme qui a **la crainte de Dieu**, qui me respecte pour ce que je suis et ce que j'ai dans le cœur.
Je dois apprendre à faire confiance à nouveau, car je me suis laissé tromper à plusieurs niveaux et aujourd'hui mon cœur a du mal à faire la différence entre attirance et amour.
Je refuse de souffrir, je refuse d'être la victime, d'être celle sur qui les hommes viennent se venger de leurs déceptions ou encore viennent jouer.
Je suis la princesse de mon Père et je compte bien faire valoir ce titre en me faisant désirer et en faisant valoir mes priorités.

Déterminée à achever mes rêves et à les mettre en pratique, je demandais à mon Père qui est au-dessus des cieux de venir à mon secours.
Prendre ma destinée en main était mon objectif, car ma mère se fait vielle et je suis l'aînée, donc je devrais tout faire pour y arriver.
Cela est difficile, mais avec Dieu rien n'est impossible.
Se connaître soi-même pour commencer, car il faut apprendre à se valoriser, s'apprécier avant que les autres le fassent, pour savoir ce qu'on doit changer en soi et sur soi.
Une liste apparue dans ma tête, mais je devais m'asseoir et bien y penser…

05/10/18

Waouh, je suis aux anges, même s'il n'est pas mon homme, je le « kiffe » (je l'apprécie) trop. Comme je dis souvent il est ***nekh*** (Expression wolof se traduisant par bon) ….
Je fis la rencontre d'un homme, que je rejetais au début car il est venu à moi avec un langage assez bizarre, et maintenant que je l'ai connue, je l'apprécie et sa présence me manque.
Je me dis que cette rencontre est de Dieu et je veux y croire, malgré notre différence d'âge. Il y a longtemps que je n'avais pas ressentis ces choses.
Ce corps qui bouillonne, ces vibrations intérieures, un homme qui te prend comme tu es, avec des paroles valorisantes et des cadeaux. Il fallait se demander si ce genre de personne existait encore. J'ai envie de vivre ce genre de sensations, d'être une femme qui vit son amour et qui l'exprime, qui n'a pas honte de ce qu'elle est.
Aujourd'hui j'ai décidé de prendre mon destin en main, je me suis mise à la page, prendre mes cours et faire mes exercices, décidé de sortir de cette phase dans laquelle j'étais.
Il y a des moments où nous nous demandons si nous sommes dans une relation qui est vivante, quand nous vivons encore ces moments, quand nous sommes aussi émerveillés après ce genre de rencontre.

L'autre te fait vibrer avec des messages et avec sa voix, son charme, sa simplicité et aussi son innocence.
Que Dieu le Père guide mes pas et me donne toutes les armes pour faire les bons choix de ma vie.
Eviter de faire les mêmes erreurs et être une femme libre et épanouie ; tel est mon souhait.

10/10/2018

Soucis de famille et voilà que ça recommence.

« Dieu toi qui est mon père, j'ai foi et confiance en toi et je te demande d'agir dans ma vie et celle de mes proches. Ouvre-moi les portes et facilite-moi certaines choses, permet moi d'être la femme que tu veux. Aujourd'hui je me mets devant toi, je tends les mains et je demande à mon père que tu es de les remplir de grâce, de bénédictions et de toute la manne possible. Je te remercie déjà car tu as fait des grandes choses pour moi et que tu ne cesses de les faire. Gloire à toi ! ».

Depuis le **09/10,** j'ai fait la rencontre d'un autre, homme assez simple mais j'ai un peu peur de me lancer, certes j'ai demandé à mon ex que je veux prendre mes distances à cause de tout ce qu'il fait, mais je préfère prendre ce nouveau avec mes mains, avant d'y mettre le cœur, car c'est l'erreur que j'ai commise et j'ai toujours été celle qui a souffert en tout.

Je suis la princesse de mon père qui est dans les cieux et en lui je mets toute ma confiance, je sais qu'Il ne me décevra pas et qu'il est là pour moi. Ce père physique que je n'ai pas eu, Il l'est, cet homme qui n'a pas su m'aimer, lui Il l'a fait, quand je pense à lui, je suis toute joyeuse, Père, permets-moi de toujours être cette personne merveilleuse que tu as faite.

Tout vient de Dieu et tout n'est que prière. Si je n'étais pas rentrée dans cette étape de ma vie, il y a cette grande relation qui se serait cassé. Je te remercie Père car tu m'as fait comprendre toutes ces leçons. Ton amour et ta bonté je ne cesse de te les demander.

Depuis quelques jours, j'ai envie d'écrire, j'ai envie d'exprimer ce que je ressens au fond de moi. Je sais que je suis spéciale et ce que Dieu a mis en moi l'est aussi. Je veux rendre grâce pour tout ce que mon Papa ne cesse de faire pour moi.

Il me fait rencontrer des personnes qui ont un rôle à jouer dans ma vie, je le remercie également pour ça.

Le temps est venu car c'est maintenant que je dois prendre mes responsabilités vue la situation qui prévaut chez ma maman. Je sais que tu ne me laisseras pas tomber.

Si je pouvais, j'écrirais des livres entiers pour parler de ta bonté et de ton amour.

Rempli mon esprit, mon être et que tout ce que je ferai porte ta marque. ***Que mon témoignage puisse être digne de toi.***

Montrer à toutes ces personnes qui ne te connaissent pas encore ta puissance, celle qui doute de toi, ta force et par-dessus tout ton amour de Père. Il y a trop de choses dans ce bas monde, mais toi Seul l'a créé et connait la raison de toute chose.

Les erreurs du passé nous permettent de mieux avancer et de nous focaliser sur de nouvelles choses.

Je veux non seulement devenir indépendante, mais aussi libre et épanouie. Je ne connaissais pas des choses, tu me les as apprises, je ne connaissais pas le pardon, tu m'as montré quelle est la grandeur de ce dernier et ce qu'on ressent après avoir pardonné à une personne.

En parlant du pardon, j'étais très rancunière et je me suis même mise en colère contre Dieu, je faisais des choses et après ça ne marchait pas et je disais qu'IL était le responsable car IL voyait déjà la souffrance dans laquelle j'étais et IL ajoutait.

J'avais également des cimetières de personne dans mon cœur, en particuliers les membres de ma famille qui n'ont cessés de nous faire du mal. Et toutes ces choses étaient présente dans mon cœur, mes cousins qui avaient abusés de moi depuis mon jeune âge, je vous assure que c'était très lourd. Mais Jésus m'a vraiment aidé sur ce plan.

Si j'étais poète je t'écrirais tout ce qui me vient lors de mes diverses inspirations, je chanterais ces mots car tu le mérite, je suis ta fille et je peux te le témoigner sans cesse.

Il faut s'ouvrir aux autres pour apprendre d'eux, éviter de les juger et toujours être avec eux pour mieux les connaître. Nous sommes appelées à passer par certaines choses et nous n'avons pas souvent le choix, mais la vie est ainsi faite.

Avant d'ouvrir ta bouche pour dire des médisances sur une personne, prends le temps de la remuer car tu ne sais pas quelles sont les combats de cette dernière, qu'est ce qui lie cette personne à Dieu. Sinon tu risques d'appeler les ténèbres sur ta propre vie. C'est juste un conseil car plusieurs ont attirés des foudres sans le savoir.

27/12/18

Parfois il faut tomber pour mieux comprendre certaines choses et savoir se relever pour mieux les comprendre car les épreuves dont partie de la vie.

Arrêter de se dire que tout ce qui brille est or, cela évite de faire des erreurs.

Père, donne-moi ton esprit de discernement car je ne sais pas faire la différence entre le bon et le mauvais dans les relations.

Dernièrement, je me suis retrouvée dans des moments difficile, j'ai été blessé, trahi et j'en passe. Je ne peux pas pleurer, mais la seule chose que je retiens, c'est de garder les mains levées vers le Père et de toujours les garder quel que soit la difficulté. Dieu est Dieu et au-dessus de Tout.

Je l'ai bien comprise tout au long de cette année, malgré les erreurs que je commettais, j'ai commencé à retenir des leçons, ce que je ne faisais pas avant.

Cette année 2018, j'avais commencé à suivre des hommes de Dieu et je respectais beaucoup leur message qui était basé sur la Bible et j'ai commencé à faire une projection sur ma vie, car je me rendais compte que plusieurs choses n'étaient pas du tout en rapport avec la Parole de Dieu.

Alors j'ai commencé à réfléchir sur ma vie, j'étais pourtant une croyante avant, mais les paroles que ces hommes de Dieu annonçaient ; allaient droit dans mon cœur et me faisaient mal. Je me suis mise à avoir honte de moi. Mais une voix en moi me disait toujours, je t'aime retiens le, j'ai commencé à m'attacher à cette voix. Ces paroles qui me faisaient du mal m'aidaient aussi à grandir car elles me permettaient de faire le vide en moi et de faire rentrer le bon, celui de la Parole de Dieu.

Je ne pouvais plus m'en passer, chaque matin en arrivant au bureau et même quand j'étais à la maison, j'avais déjà changé mes habitudes, je devais écouter la louange et me plonger dans les prédications jusqu'à ce que je rentre à la maison et cela continuait. Je passais toutes mes journées dans la Parole de Dieu sans que cela ne me gêne ou encore me fatigue comme auparavant.

Je regardais des pasteurs même des anglophones, même si je ne comprenais rein, je savais au moins dire Amen et c'était déjà en moi. Si je ne le faisais pas, il me manquait une chose, j'étais vide et je me sentais mal.

C'était dur au départ car savoir que tu vis en contradictions avec ce que Dieu dit te fait mal. **Si Dieu est mon Papa comme je le disais tout le temps, pourquoi je n'écoutais pas ce qu'IL me disait de faire à travers sa Parole.**

Le nettoyage a commencé à se faire, et je vous assure que de jour en jour, je me sentais bien.

C'était difficile au départ ; car il fallait se rendre compte que les fondements n'étaient pas bons, il a fallu donner à Saint Esprit le droit de tout casser et de bâtir à nouveau, mais ça faisait mal, très mal. J'avais cette assurance qu'à la fin tout serait bien, j'avais tellement essayé de parfaire les choses que je me perdais à chaque fois. J'avais lutté pendant des années, alors pourquoi ne pas lui donner cette chance, une chance pour voir ce que Lui pouvait me donner.

J'avais tellement bafoué cette confiance en la donnant à des personnes qui me blessaient sans cesse, mais pourquoi pas à Dieu, celui qui m'a créé et qui a fait toutes choses. Oui, je devais bien essayer Jésus et voir si ce que je vois à travers les ondes, moi aussi je peux le vivre.

J'étais déterminée et surtout assoiffé de croiser Jésus et de le laisser rentrer en moi pleinement par Son Saint Esprit.

Je ne dormais pas avant, j'avais des insomnies chroniques, je prenais des somnifères tout le temps. Je prenais des médicaments en journée pour qu'ils agissent dans la nuit. Je n'avais pas trop le choix, car je n'avais pas de paix dans mon sommeil. Depuis 2010, mon sommeil avait pris un coup et je dormais et me levais tout le temps en sursaut. Je faisais des rêves horribles.

Franchement, ce n'était pas une vie. Mais cette année les choses ont commencé à changer et chaque jour j'avais des paroles qui m'étaient donné par la voix en moi.

Mon choix a déjà été fait, et je vais le respecter car j'ai fait une promesse à mon Père et je compte bien la respecter car si on peut promettre aux hommes des choses, pourquoi ne pouvons-nous pas le faire pour nôtre Père qui est dans les Cieux...

C'est dans le moment difficile que j'avais un accès rapide à la présence de Dieu. Je me consacre aujourd'hui à ma vie, celle que Dieu a prévu pour moi et à la recherche de la face de DIEU.

VII/ MA RENCONTRE AVEC SAINT ESPRIT

Le monde est devenu bizarre et dangereux, nous sommes exposés et mis-en mal par nos proches. Seul l'amour, le vrai doit être recherché. J'ai fait sa rencontre et je peux vous assurer qu'il va au-delà de l'amour que nous connaissons, je pourrais dire qu'il est le superlatif même de l'amour... suis moi simplement.

Un jour, j'écoutais comme à la coutume un Pasteur qui aujourd'hui est mon Père dans la foi en ligne et il a annoncé qu'il y avait son église dans le pays où je me trouvais, du coup j'ai décidé de la chercher malgré tout. Ce jour après la prière en ligne, Papa parlait d'amour poulet (l'amour que nous disons souvent avoir pour Dieu est un amour de type poulet, ce qui veut simplement dire que nous l'aimons comme nous aimons manger du poulet), et ce jour je me suis remise en question. Je me demandais pourquoi j'étais sur la terre et si j'aimais vraiment Dieu, j'étais épuisée de ma vie, voir que la vie que je menais n'avait en réalité pas de sens, je tournais en rond et je me sentais vraiment perdue au milieu de tous ces décombres.

Ma vie n'était que décombres, remplie de déception, de pleurs, de tristesse, de mécontentements ; de frustrations, franchement c'était une vie sombre.

Ce jour, j'ai pleuré aux pieds du Seigneur, lui dire que je ne voulais plus souffrir, je voulais aller de l'avant, et surtout que ma vie serve à quelque chose et que j'arrête d'être triste.

Ce jour, j'ai tellement pleuré que j'ai perdu mes forces et ce qui est bizarre, j'ai senti une main posée sur mon cœur et une paix m'envahir, pas la même paix que je disais avoir, c'était autre chose.

A ce moment précis, mes larmes ont cessé et je me suis relevée car j'étais à genoux, je suis allée faire mes travaux de la maison ; mais j'étais tellement en joie. J'ai chanté toute la journée pas comme d'habitude et j'étais vraiment en joie, je dansais même.

Cette même nuit à 3 heures du matin je me suis réveillée, je ne parvenais plus à dormir, pourtant j'étais en forme. Il y avait une forte envie en moi, qui me disait de rechercher l'église de Dakar et là, je me suis connecté en laissant un message dans l'espoir qu'on me réponde un jour, ce qui a été fait.

En moi il y avait un besoin que je n'arrivasse pas expliquer aux gens, aujourd'hui j'ai compris qu'on appelle cela « **La Soif de Dieu** ».

Et le dimanche qui a suivi, en me levant j'avais très mal à la tête et je fus saisie d'une douleur. Sur le champ, je me suis dite que j'allais repousser mon départ à l'église et attendre la semaine qui suivait.

Tout à coup j'entendis en moi, prépare-toi et vas-y quand même, tu prendras des médicaments au retour, mais vas prier.

Et là, je suis allée me doucher et m'apprêter car le culte commençait à 9h00. J'y suis allée et ce jour tout commença.

J'étais venue non seulement pour voir comment ça se passe mais aussi avec la décision de suivre le Seigneur ; je n'avais plus rien à perdre, me disais-je en moi, j'avais plutôt perdue trop de temps.

En chemin, j'ai appelé le numéro qui m'avait été donné mais personne ne répondait et j'ai commencé à entendre une voix que je connaissais très bien me dire retourne tu te trompes de lieu, et une autre me disait continue et si personne ne répond, demande et si personne ne connaît cherche.

Comment chercher alors que je suis dans une zone que je ne maîtrise pas bien ? Et là j'ai encore entendu « ***fais-moi confianc***e ».

Et en descendant du taxi, je me rappelle avoir dit : « Seigneur aide moi je me suis perdue » et là, mon téléphone s'est mis à sonner, une dame m'a dit que j'étais allée loin et de revenir en arrière, elle enverra quelqu'un me chercher.

Dieu fait bien ces choses vous savez. La dame qui m'a appelée, je ne la connaissais pas et le numéro qui m'avait été donné par la personne qui avait répondu à mon message n'était pas le sien ; c'est bien après que je m'en suis rendue compte quand elle me l'a fait savoir. Et là je suis arrivée au lieu, mais j'étais en joie je vous assure, je n'avais jamais ressenti cela, je sentais juste que je m'approchais d'une bonne chose mais je ne pouvais pas expliquer.

Le culte a commencé et franchement j'avais peur ; je ne savais pas comment ça se passait dans ce type d'église, j'étais déjà habitué au protocole de la messe ; et à un moment je me suis dite et si je me trompé, j'ai commencé à paniquer.

Le message qui avait été prêché parlait de moi. Et dans mon cœur, je disais c'est le moment de changer, c'est le moment de faire les bons choix.

Et avant la fin du culte « Daddy » a lancé l'appel pour ceux qui voulaient donner leur vie à Jésus, à vrai dire je n'ai rien entendu.

Vous savez je ne m'y connaissais pas dans la procédure des églises évangéliques, en voyant la demoiselle à mes côtés se lever je l'ai suivie mais chose bizarre mes oreilles étaient bouchés et je me disais que c'est normal car ça m'arrive souvent quand je me lave.

Le temps de réaliser, le pasteur redit ces mots : « que tous ceux qui ont décidés de suivre le Seigneur s'avancent »et « bimm » mon cœur a failli lâcher. Mais une voix m'a dit, « ***suis-moi et n'ai pas peur*** », je ne connaissais pas comment ça se passait mais j'avais décidé de faire confiance et d'accepter cette prière en me disant que je n'ai rien à perdre, si j'avais une chose à perdre en ce jour c'était bien ma timidité et si ça passe par ça, je vais le faire.

Moi j'ai eu cette grâce, car si Saint Esprit n'avait pas agi de la sorte avec moi, je n'aurai pas fait le pas ce jour.

Plusieurs dans nos assemblées sont comme moi, nous avons la volonté de le faire, car nous prenons la décision au moment où nous entendons le message ou bien avant, mais quand il s'agit d'avoir le courage, nous en manquons souvent. Certains n'ont jamais eu l'occasion de le faire, ces personnes sont mortes sans connaître Jésus, sans donner un sens à leur vie. Oui tu me diras certainement, mes parents sont riches, j'ai un copain qui assure mes besoins, j'ai ceci ou j'ai cela, mais t'es-tu déjà assise et demandé ou tu iras après tout cela, as-tu déjà pris un temps pour faire un bilan de fond de ta vie ?

Je ne pense pas, si c'était le cas, tu voudrais sortir de cette vie, tu voudrais donner un sens à ce trou noir dans lequel tu te retrouves aujourd'hui, tu serais prête à recevoir une solution pour y arriver. Moi je ne viens pas te donner de l'argent, mais je viens te donner Celui à qui toutes ces choses que tu appelles richesses appartiennent, ces diplômes que tu valorise ; ces choses qui te définissent aujourd'hui mais qui n'ont aucune valeur dans l'éternité.

J'ai trouvé la seule solution qui existe sur cette terre.

Nous mettons souvent nos espoirs et notre confiance dans des futilités, mais quand il s'agit de croire en Dieu, des théories montent dans notre esprit, nous devenons les plus grands philosophes, mais nous oublions une chose, que Jésus que nous rejetons aujourd'hui est celui qui s'est humilié, rabaissé et qui souffre quand nous ne vivons pas la vie que lui n'a pas eu sur la terre.

IL est mort pour que tu vives sa vie, alors vis cette vie qu'IL t'a donné et jouis vraiment de cette dernière.

Ce jour j'ai accepté de marcher avec Jésus, je lui ai donné ma vie, le **24/02/2019** et j'étais très en joie, une équipe priait pour moi, j'étais dans un trou et je suis sortie de là. Ce que je voyais à la télévision en pensant que c'était aussi de l'abus, je le vivais moi-même, en direct (tomber, chasser les démons). Si j'avais du mal à croire que c'était vrai avant, je ne pouvais plus le faire car j'avais la preuve que je voulais devant moi.

Et ce jour, j'ai même discuté avec ma maman, lui parlant avec assurance, que j'avais acceptée de suivre le Seigneur Jésus et que pour la première fois je me sentais bien. Chose que je ne lui disais jamais. Je répondais toujours ça va, même quand je pleurais après.

Peu de temps après j'ai commencé à venir à l'église et à discuter avec certaines personnes (***NB : Ce n'est pas l'église qui a changé ma vie, mais c'est Jésus. Aller à l'église est tout à fait normal ; et servir le Seigneur est la chose la plus belle et la plus noble que nous pouvons faire***), je me disais ils sont gentils et ils donnent beaucoup d'amour pourtant ils ne me connaissent pas. Je venais mais j'étais triste avant cela, car pour moi, si j'acceptais Jésus c'était aussi la fin de mes problèmes et une vie en rose sans oppressions. C'est une erreur que nous commettons généralement mais nous y reviendrons.

Peu après j'ai commencé à bien me sentir et à m'ouvrir aux autres qui ne cherchaient qu'à m'aider dans ma vie avec Jésus. Un bébé doit grandir et s'il n'est pas bien entouré, il lui sera difficile de le faire.

Revenons à me première rencontre avec Jésus.

J'avais 8 ans et ma mère avait voyagé car elle devait subir une intervention chirurgicale, à cette période elle ne nous laissait pas seuls, mais ce jour elle l'avait fait. Moi j'avais pensé que le pire nous avait été caché alors j'ai décidé de la rejoindre, je suis allée dans notre boite à pharmacie et j'ai pris ses médicaments. Je me suis mise à vider une boîte de gélules bleu, je m'en rappelle bien, j'ai essayé de me suicider (ce n'est pas un exemple à suivre).

Ce jour en allant dormir, vraiment tout le monde avait peur car je n'allais pas du tout bien mais personne ne savait que j'avais pris des médicaments car je n'avais pas osé le dire, par peur d'être frappée.

Ce jour dans mon rêve, je me suis retrouvé au ciel (ne me demande pas comment je le sais, tu n'as pas besoin de démonstration scientifique pour reconnaître ta maison et ton père, c'était le cas), j'étais à l'entrée avec des personnes que je ne connaissais pas et une personne m'a demandé de patienter, car un autre allait venir me rencontrer. Cet Homme est arrivé, j'arrivais à peine à le regarder, je pouvais voir ses cheveux, son visage et entendre sa voix. IL m'a posé une question : « **qu'est-ce que tu fais ici ?** » je lui ai répondu que je pense que ma maman est morte et les autres me l'ont caché donc je suis venue pour la rejoindre, et là ; IL me répond encore en disant « **Ce n'est pas le moment d'être ici, prend ce verre d'eau et bois ; et il a souri** » et dans la vraie vie, je me suis levée, j'avais vomi toutes les gélules que j'avais prise, pissé au même moment et fais caca sur moi. Et ce jour je suis revenue et c'est là que j'avais commencé à voir toutes ces choses étranges dont je parlais plus haut.

Des années après j'ai dû le retrouver à nouveau car je m'étais éloigné de lui, je l'avais simplement reconnu quand j'ai acceptée de le suivre. Avec le Seigneur, nous n'oublions pas les expériences que nous vivons, elles sont en atemporel.

Un évènement était prévu à l'église « La soirée des single » et j'ai dit ; je vais y aller.

Et à cette soirée, il y avait des jeux au programme pour s'amuser et je voulais bien participer aux questions/réponses mais en y réfléchissant, je ne connaissais pas la Bible, juste ce qui m'était dit à l'Église par le prête mais moi-même je n'avais pas fait des recherches. Donc j'ai changé d'avis.

Et en discutant avec les autres pour faire connaissance, une sœur a déposé mon papier rempli sans que je ne le sache ; quand je l'ai su mon cœur est devenu glacé, comment allais-je faire moi qui ne connaissais rien ? Et j'étais la première à passer, et là j'ai encore entendu la même voix, elle m'a indiqué le sujet à prendre et a dit qu'elle allait m'aider. Je ne savais pas qu'il s'agissait de **Saint Esprit**, je ne le connaissais pas encore très bien, mais je l'ai suivi et j'ai finalement été reine de la soirée. Moi qui avais peur au départ, me voilà qui quitte la fête avec des cadeaux un titre de reine. C'était une des belles rencontres physiques que je vivais, j'avais entendu sa voix et j'avais écouté (car il y en avait déjà eu avant) ; il a été patient, c'est un vrai gentleman, car il m'a donné le temps qu'il faut pour le découvrir et surtout accepter sa présence.

Je voulais véritablement m'impliquer dans l'œuvre de Seigneur car j'avais été sauvée de plusieurs choses et je voulais aussi que les autres rencontrent ce Sauveur, celui qui m'avait prise de loin pour m'emmener à lui et qui était devenue le Seigneur de ma vie, jusqu'à ce jour bien évidemment.

Alors j'ai entendu parler des évangélisations, je détestais les évangélistes avant, ils me fatiguaient, ils aimaient venir déranger les gens et je me disais ça c'est quoi encore ? Moi aussi je serai chassé ou non reçu car je le faisais aux autres, mais avant je ne savais pas pourquoi ils étaient aussi acharnés pour me sauver, je l'ai compris par la suite.

Après notre baptême, toute notre promotion a été envoyé dans ce département, et j'ai dit « *eh Dieu je vais aller raconter quoi* ? », c'était la volonté de Dieu et j'ai commencé à y aller et il y a eu des guérisons, des personnes transformées par la Parole de Dieu, des vérités apprises sur la

Bible que moi-même je ne connaissais pas et je me suis découverte une passion et un fardeau. Et je parlais plus avec assurance car je savais que ma base était la Bible et que c'était juste la vérité.

J'étais vraiment surprise de voir que la Bible était réelle. Et que le verset de **Actes 1 ;8** « **Mais vous recevrez une puissance, le Saint Esprit survenant sur vous, et vous serez mes témoins à Jérusalem, dans toute la Judée, dans la Samarie, et jusqu'aux extrémités de la terre.** ».

Je voulais également que ma famille principalement ma maman rencontre le Seigneur car si je lui devais bien une chose c'était de la conduire au Seigneur, je ne voulais pas qu'elle continue sa vie sans Jésus.

En rencontrant le Seigneur, je lui ai demandé de faire de moi une chrétienne pas comme les autres, le monde doit entendre parler de Jésus et nous devons piller l'enfer car le diable a trop joué avec nous.

Je veux voyager, je veux rencontrer des hommes de Dieu qui sont déjà dans une dimension assez élevée. Apprendre d'eux, car j'ai besoin de connaître encore plus. Je demande ta bénédiction Père et je demande ta main sur toute chose.

Il y a des difficultés dans notre marche avec le Seigneur car c'est un apprentissage (c'est comme être inscrit à l'école et franchir les étapes pour atteindre la classe supérieure et passer les examens qui vont certifier notre parcours), le chemin est parsemé d'embûches mais si Dieu est avec nous, personne ne pourra se dresser contre nous **Romains 8 ; 31** « **Que dirons-nous donc à l'égard de ces choses ? Si Dieu est pour nous, qui sera contre nous ?** », il demande juste à combattre pour nous mais que la première place lui soit donné **Exode 14 :14 versions Darby** « **L'Éternel combattra pour vous ; et vous, vous demeurerez tranquilles.** »

17/06/2020

Plusieurs mois se sont écoulés et je me rends compte que ce que je vis depuis quelques temps, découlent des prières que j'avais moi-même formulés quand j'étais dans la détresse.

Waouh, Jésus est fidèle, Papa Bon Dieu est Amour et Saint Esprit est vraiment le consolateur, le meilleur ami du chrétien.

Jésus tu es Grace, car tout ce que j'étais tu m'as montré que tu pouvais me pardonner et malgré cet habit taché que j'avais tu as décidé de l'échanger et de porter cette robe pour moi. Je n'étais rien, j'étais sale, je menais une vie de tristesse, une vie d'amertume, une vie de frustrations, mais toi Jésus, tu t'es levé pour moi et tu m'as dit ***« Moi je t'aime, suis-moi, fais-moi confiance, obéis moi et ne t'inquiète de rien »***, aujourd'hui je ne regrette pas la personne que je suis devenue, tu as enlevé de moi et éloigné de moi toutes ces personnes que je gardais en Joker et quand j'avais un moment de faiblesse, je retournais vers elles pour encore retomber.

Nous sommes bel et bien en juin 2020 et plusieurs choses se sont produites, après ma nouvelle naissance, ce fut difficile, vraiment difficile.

Dieu a travaillé mes sentiments, m'a montré que tous ceux qui étaient sentiments devaient être abandonnés pour aussi être renouvelée, car trop de choses étaient enfouis, trop d'alliances avaient été passées sans le savoir.

Si je savais ces choses bien avant, j'aurais pu éviter certaines épreuves et laisser Dieu prendre la place et agir en tout. J'ai lutté avec Dieu, j'ai chassé plusieurs personnes qui cherchaient à me parler de Dieu car je ne voulais pas voir le péché dans lequel j'étais. Je me disais que j'avais la vie d'une fille normale. Mais tout cela n'était que mensonge. La société définie des choses dans lesquelles nous pensons que nous devons forcement nous inscrire, mais cela nous pousse et nous conduit plutôt à perdre notre âme.

VIII/ UNE INVITATION QUE TU DOIS SAISIR

Mon invitation pour toi

Si un jour, tu apprenais qu'une personne que tu aimes organises la plus belle fête, la cérémonie la plus grandiose à laquelle tu dois participer et tu as le droit d'inviter une personne, je voudrais que ça soit toi qui lis en ce moment qui accepte cette invitation. J'ai été convié à la plus extraordinaire des vies, celle de Jésus et avec lui c'est la joie pour l'éternité.

A toi qui lis ce livre, si tu ne l'as pas encore fait, je t'invite à t'abandonner à Jésus et à lui donner ta vie.

Nous allons ensemble faire la prière du pécheur ou encore dit la prière du salut.

Il est dit dans la Parole : La Bible au niveau de **1 Jean 1 :9** « **Si nous confessons nos péchés, il est juste et fidèle pour nous les pardonner, et pour nous purifier de toute iniquité** ».

Romains 10 : 9-10 « **Si tu confesses de ta bouche le Seigneur Jésus, et si tu crois dans ton cœur que Dieu l'a ressuscité des morts, tu seras sauvé. Car c'est en croyant du cœur qu'on cœur qu'on parvient à la justice, et c'est en confessant de la bouche qu'on parvient au salut, selon ce que dit l'Ecriture** »

Maintenant répète après moi : « Seigneur Jésus, tu es Bon, tu es amour, tu es miséricorde, tu es grâce. Je te rends grâce en ce jour, car tu m'as permis de venir à toi, de tomber sur ce passage et d'accepter dans mon cœur que tu es le Seigneur et le Sauveur de ma Vie.

A cet instant précis, ce n'est pas par suivisme ou par obligation, mais par ma propre volonté que j'accepte de me donner tout à toi. J'ai lutté durant des années et j'ai tourné en rond.

J'ai fait des choses qui, aujourd'hui ; je me rends compte m'ont plus détruites que faites du bien. Je reconnais mes fautes, je confesse mes péchés et je crois fermement dans mon cœur que tu me les pardonne à cet instant précis. Tu es le Seigneur et le Sauveur de ma vie à compter de ce moment, j'accepte d'être ton enfant et je te reconnais au-dessus de tout.

Merci pour la grâce que tu me fais en ce jour, de faire partie de la grande famille du Royaume Des Cieux. Amen ».

Bienvenue dans le Royaume de Papa.

IX/ Marchons ensemble pour comprendre de quoi je parle.

La marche a ainsi commencé pour moi.

Après mon baptême en mai 2019, la tentation a redoublé d'efforts.

Je devais me marier mais j'avais décidé de quitter cet homme (après trois ans de préparation pour ce mariage) qui ne faisait que m'utiliser pour son bon plaisir, je n'étais pas celle qu'il voulait (il avait basé notre relation sur un mensonge de divorce auprès de sa famille, disant que j'étais déjà mariée et que mon ancien mari avait décidé de me laisser avec un enfant sur les bras), je l'ai su à mes dépend et cela m'a vraiment attristé. Bref il n'était pas la volonté de Dieu pour moi également. Parce que si j'étais rentré dans cela, peut être que je ne serai pas ici pour vous faire part de cette magnifique histoire, mon étoile se serait éteinte car j'allais perdre le chemin, Jésus.

Je me rends compte que c'était juste pour la Gloire de Dieu mais je n'avais pas compris car à cette période je ne connaissais pas ces réalités et ce que la Bible disait sur les dieux étrangers, Deutéronome **31 :6** « **L'Éternel dit à Moise : Voici, tu vas être couché avec tes pères. Et ce peuple se lèvera, et se prostituera après les dieux étrangers du pays au milieu duquel il entre. Il m'abandonnera, et il violera mon alliance, que j'ai traitée avec lui.** »

Vous savez connaître la volonté de Dieu pour votre vie est importante cela nous évite de faire des erreurs et je vous assure que j'en ai beaucoup commise.

Après cela, je pensais que c'était fini mais le diable n'avait pas encore dit son dernier mot sur ça.

Eh oui, il était prêt à tout pour me détourner des voies de Dieu.

En février 2019, j'avais connu un monsieur sur un réseau social, quelques jours avant ma conversion, mais j'avais demandé à Dieu le 31 décembre 2018 de prendre le contrôle de toutes choses.

Quand j'ai fait sa rencontre physique, je venais à peine de dire à Dieu de faire de moi ce qu'il voulait car je ne voulais plus vivre cette vie de souffrance et de grande solitude.

Cet homme était un simple ami, mais après on devint de très bons amis (sans avoir de relation intime juste pour précision) mais je lui avais déjà dit que j'avais acceptée de marcher avec Jésus et j'étais convaincue que je pouvais arriver au mariage sans avoir de relation intime. Il disait waouh, cette fille à des principes et du cran. C'est rare d'en trouver une de nos jours. Et il avait accepté cela.

Pour moi c'était la volonté de Dieu, enfin j'y étais arrivée à marcher dans les voies de Papa.

Vraiment je me trompais, le diable était vraiment rusé et il connaissait à cette période les besoins de mon cœur, ce que je désirais au plus profond de moi. J'avais été déçu et en allant dans le Seigneur, je n'avais pas traité mon chagrin, du coup je pensais qu'en venant dans le Seigneur, il allait permettre que ce dernier soit en Christ et nous pourrions nous marier sans objection.

Il me dit un jour dans notre discussion c'est toi que j'attends, je n'avais pas compris le sens de sa phrase. Après je lui ai demandé des explications et là il me répondit que c'est ton « oui » que j'attends pour aller vers ma famille et demander une délégation pour venir demander ta main.

Waouh, enfin, la demande de mariage avait été faite, et le dernier mot me revenait. Je lui ai demandé un peu de temps pour réfléchir et parler avec mon autorité spirituelle.

Et là, je fus bien surprise, c'était juste une ruse du diable. Si j'étais rentrée dans cette relation, j'aurais encore perdu le but de ma vie, j'aurai fait un choix selon ma chair (il avait une bonne situation financière, célibataire, bel homme, et il m'aimait selon lui, vraiment que demander de plus…) mais j'ai dû écouter la voix de Dieu malgré la douleur que ça a créé en moi. Mon âme criait sincèrement, c'était trop dur.

Je vous assure que c'était vraiment difficile pour moi. Choisir de le quitter alors que tout mon cœur ne cessait de le réclamer, c'était une torture.

Je fis une chose, j'allais aux pieds de Papa et je lui ai présenté mon cœur, je lui ai dit que je voulais qu'IL fasse sa volonté, c'est vrai j'avais mal mais IL était le seul à pouvoir faire disparaître cela. Souvent nous pensons être fort en disant ça va aller, nous couvrons nos chagrins et aux mauvais moments, cela resurgit.

Et comme d'habitude sa douce voix vint pour m'apaiser et je me laissais aller en pleurant. Je ne pleurais plus parce que j'avais mal, mais plutôt parce que je n'avais pas su reconnaître que ce n'était pas mon Papa, j'avais oublié que je n'étais qu'un bébé ou encore « Népios » et je devais apprendre à le connaître.

Après j'ai entendue, une autre voix qui disait quittes l'église est ce que tu es obligé de rester là-bas, ils ne veulent pas ton bonheur, enfin tu obtiens le mariage avec un homme qui est bien assis et à cause d'une conversion tu vas le laisser, Dieu est partout. Vraiment le diable est rusé et si tu ne fais pas attention, très vite tu quittes le chemin.

Mais je n'ai pas écouté cela et j'ai juste dis Papa montre-moi la voie. Et le dimanche mon Daddy et ma grande sœur responsable me donnèrent une même parole qui me montrait encore que c'était le choix de Dieu. Et là, j'étais encore bien. Le poids que j'avais sur le cœur quitta au même moment et j'ai commencé à rire.

J'avais décidé de servir de Seigneur et de faire sa volonté, de mettre mon projet de mariage de côté ; de l'oublier même pour aller évangéliser, gagner des âmes et être en joie même si je n'avais de copain car avant tout, Jésus était toujours là avec moi et un homme ne doit pas être la source de notre joie, il doit juste venir et se rendre compte que nous le sommes déjà.

Donc je gardais cette assurance et j'avançais toujours en joie. Le mariage n'était pas le but de ma vie sur terre, c'était juste un accompagnement pour me préparer aux Noces avec Jésus.

Faisant l'œuvre, heureuse, parlant avec assurance, ayant des frères et des sœurs, agrandissant la famille en Christ et en passant du temps avec les autres, car avant je ne le faisais pas. J'aimais rester seule chez moi.

Et là je savourais ma vie et Saint Esprit était toujours avec moi, mon coach, mon meilleur ami, l'Expert des experts comme j'aime l'appelé…

Quand Dieu a écrit le livre de ta vie le diable peut venir te retarder mais ne peut empêcher l'accomplissement de ce dernier.

Et voilà que dans la marche de l'œuvre du Seigneur, je fis la rencontre d'un frère qui devint très vite un ami avec qui je partageais plusieurs choses, nous rions, nous nous amusions même comme des enfants et cela me faisait du bien. Je découvrais que j'avais ces choses en moi, que j'avais décidé d'enfouir à cause des circonstances de la vie.

Mais en moi, il n'y avait plus de pensés de mariage, c'était juste un grand frère que j'appréciais beaucoup. Il était toujours calme, souriant mais dans ces yeux résidaient un océan de questions, de pensées. Ma première mission spéciale que le Seigneur m'a donnée comme je le dis souvent.

Et de fil en aiguille, le frère se rendit compte qu'il amoureux de moi, mais à l'époque il n'osait pas parler, car il pouvait juste avoir des pensées « *et si cela ne venait pas de Dieu. Et si elle le prenait mal également* ».

Du coup, je pris les devants et j'ai mis les faits sur la table, il a d'abord discuté mais après il l'a reconnu, un peu honteux, mais heureux d'avoir partagé ce qu'il ressentait, le gars a soupiré longuement (juste pour rire).

Donc il souffrait avec cet amour en lui, les hommes aiment souffrir au lieu d'avouer ce qui est visible (rire)…

Ce qu'il ne savait pas c'est que mon regard envers lui avait commencé à changer et je me disais qu'il fallait que je trouve à notre grand frère une fiancée que notre groupe d'amis aurait pris le temps de choisir pour lui car il le méritait. Il a un cœur particulier qui aide toujours avant de poser une question, prêt à être dérangé à n'importe quelle heure juste pour venir en aide à ses frères et sœurs. Il s'occupe d'abord des autres et ne se pose généralement pas de questions sur lui.

Vous savez j'avais rencontré des chrétiens, mais je me disais que lui il était assez spécial. Et même si moi je ne pensais pas me marier à cette période car ma seule envie c'était faire la volonté de Jésus, nous devrions tout faire pour prier pour lui et l'aider à ouvrir les yeux. Il avait peur du mariage aussi.

Au départ, je ne savais pas où j'allais, mais en moi il y avait un manque, je recherchais une chose que je ne trouvais pas en des amis ou encore en mon petit-ami de l'époque, dans l'alcool, dans la pornographie ou encore dans le maraboutage…

Je savais juste que dans mon cœur, je soupirais car j'avais faim de quelque chose de précis sans savoir.

En moi, une voix ne cessait de me dire de lui faire confiance et de ne pas m'inquiéter.

Comment ne pas m'inquiéter ? moi qui devrait me marier dans quelques moi.

Comment allais je vivre ? Moi qui devais dépendre financièrement d'un homme.

Plusieurs questions qui passaient dans mon esprit et auxquelles une seule réponse était possible : Fais-moi confiance.

Il m'était difficile de faire confiance, car j'avais perdu la confiance aux Hommes physiques après tout ce que j'avais traversé. Mais au fond de moi, il y avait toujours la paix et je ne comprenais pas pourquoi j'étais calme, moi qui paniquais pour peu.

Et à force de poser des questions, une nuit en songe, mon Papa me fit voir une vérité dont je ne m'étais pas rendue pas compte jusqu'à ce jour.

Toutes les questions que je me posais avaient déjà leur réponse mais je ne les voyais pas.

Je n'avais pas besoin d'un homme pour vivre, car Dieu était cet Homme que je recherchais.

Il avait toujours été là, quand j'avais besoin d'argent, de réconfort, de soutien ou encore de pleurer. Il me montra qu'aucun homme ne m'avait soutenu si ce n'était lui-même. Et c'est bien vrai, je ne dépendais pas de l'argent d'un homme.

A chaque fois que j'avais des soucis, c'est lui qui m'aidait et les personnes sur lesquelles je déposais ma confiance ne m'avaient jamais aidé en réalité, elles disparaissaient bien au contraire quand tout allait mal dans ma vie, même l'homme que je m'apprêtais à épouser. Ce dernier n'avait jamais été là pour moi dans les moments difficiles, au contraire ; il venait juste quand tout allait bien car il avait besoin de plaisir.

Et après ce songe, je me suis mise à pleurer et à demander pardon à mon Papa, car j'avais un voile devant mes yeux qui m'empêchait de voir la bonté et la grandeur de mon Dieu. En me levant ce jour, j'avais pris la résolution de faire passer mon Dieu en premier car j'avais compris que c'était lui la raison de ma soif et de ma faim, alors je le cherchais comme je pouvais.

Je commençais par le début, c'est-à-dire à le chercher dans sa Parole : la Bible, dans la prière, en ayant la coutume de discuter avec lui, en lui parlant de ce qui allait et ce qui n'allait pas, en le prenant comme mon meilleur ami car il est mon premier confident.

J'avais envie d'un peu plus chaque jour et surtout de partager ce qui m'arrivait car moi-même je ne comprenais pas. Mais la voix du Saint Esprit en moi, me montrait toujours la voix à suivre.

Comme j'ai pour habitude de l'appeler, Il est le Consolateur comme on le trouve dans **Jean 14 :26** « **Mais le Consolateur, L'Esprit-Saint, que le Père enverra en mon nom, vous enseignera toutes choses, et vous rappellera tout ce que je vous ai dit** *;* ».

La Parole est esprit et vie comme le dise les écritures **Jean 6 :63 « C'est l'Esprit qui vivifie ; la chair ne sert de rien. Les Paroles que je vous ai dites sont esprit et vie.** », Lire la Bible est une chose, mais croire en ce que Dieu lui-même a dit est la meilleure des choses à faire pour un Homme.

J'ai été et je continue à être enseigné par Saint Esprit, car ce que les Hommes ne peuvent te dire, lui il va dans les profondeurs de toutes choses
1 corinthiens 2 :10 « **Dieu nous les a révélées par l'Esprit. Car l'Esprit sonde tout, même les profondeurs de Dieu.** »

Je compris dès lors que Saint Esprit pouvait m'orienter et je lui faisais confiance comme toujours.

Des personnes essayaient de me faire du mal, mais avant que cela ne se produise, il m'informait et je prenais déjà les devant. Juste pour vous donner un exemple, une personne que j'appelais mon amie a essayé de m'empoisonner à travers la nourriture, mais la veille dans mon rêve, cela m'a été révélé et j'ai juste dis au Seigneur je ne peux pas dire non si cela découle d'une bonne intention alors fais en sorte que je ne rentre pas en possession de ce plat, et je vous assure que Dieu a tout fait et le plat ne s'est jamais présenté devant moi, alors qu'une heure avant j'avais la confirmation de le recevoir. J'ai remercié le Seigneur, car il m'a permis de garder de bonnes relations mais aussi d'écouter ce qu'il m'a dit.

Il est l'allié parfait, car c'est Lui Saint Esprit, l'Esprit de Jésus qui est sur terre avec nous. Le corps physique de Jésus devait se soumettre aux lois de la terre s'il restait ici avec nous, mais en partant, il devait nous envoyer sa dimension Esprit pour nous guider, la dimension qui ne se soumet pas aux lois de la terre. Un esprit ne meurt pas, un corps disparaît avec le temps.

En lisant ta Bible, demande à Saint Esprit de te conduire, pour que tu puisses avoir la révélation de la parole, sinon ce serait lire un simple livre.

Dieu dit dans **Genèse 26 :24 « L'Éternel lui apparut dans la nuit, et dit : Je suis le Dieu d'Abraham, ton père ; ne crains point, car je suis avec toi …** »

Seigneur, travaille mon cœur car je suis très sensible, pour un rien je m'emporte.

Il ne me comprend pas et veut que je sois comme lui, mais ce n'est pas possible.

Je suis peut-être celle qui a un souci, car les autres s'entendent bien avec lui, mais avec moi il y a toujours un souci,

Je ne sais vers qui me tourner si ce n'est toi Papa, je ne sais pas comment parler ou dire des choses alors je préfère me taire.

Avec lui, je dois toujours porter des gants quand il s'agit de tous ceux qui à un rapport avec la vie chrétienne.

Dès que j'aborde le sujet, des tensions se lèvent.

Être l'homme ne veut pas dire tout connaître, mais accepter l'aide de celle qui est à nos côtés.

Je vis une relation de frustration quotidiennement, il m'arrive de penser mal, d'avoir des pensées qui ne sont pas de Dieu car je ne sais pas ce qui se passe.

Le 24 juin, il vint me dire qu'une personne lui disait avoir eu un échange avec moi et que je lui avais révélé certaines choses, alors que l'objet n'était pas celui qu'il avait évoqué mais un autre et cela devait rester confidentiel car c'était Dieu, lui et moi qui étions les seuls à le savoir.

Père, tu nous as appris à garder nos bouches et savoir que ce qui était confidentiel a été dit, cela me fait très mal.

Je me sens trahi, car c'est une chose personnelle qui lui a été dite, d'où ma colère car je me sens blessé au plus profond de moi. Et cela a failli provoquer une dispute pouvant conduire à une séparation.

Et je me suis dit que je dois chercher Jésus, je suis retourné aux pieds de Jésus pour avoir des solutions car je ne comprenais rien du tout. Et IL m'a donné la conduite à tenir.

Franchement, quand tu ne comprends pas les choses vas aux pieds de Jésus, IL est la solution à tous tes problèmes.

POÈME A JÉSUS

Mon cœur, le 02 août 2019.

Je viens à travers ces mots te présenter ce que tu me procures chaque jour de ma vie.

Tout a commencé, le 24 février 2019, lorsque j'ai accepté de te suivre en dépit de mes peurs et de mes craintes. Ce jour, lors de l'appel du Pasteur Pacôme, je n'ai rien entendu mais quand j'ai réalisé, tu m'as dit de te faire confiance et depuis ce jour, j'ai retrouvé une vraie joie de vivre ; celle que j'avais accepté de perdre à cause des circonstances de la vie.

Aujourd'hui, je suis heureuse, car à travers ces mots je peux te déclarer ce que j'ai au fond de moi.

Ce qui m'a attiré à toi c'est ton visage, cette beauté, ces joues, la douceur de ce visage et surtout l'amour qui s'y dégageait.

J'ai cherché l'amour du père que je n'avais pas reçu et surtout cette autorité en allant d'une relation à une autre, en faisant du bien mais ne trouvant aucune satisfaction.

Oui, j'étais perdue, ton amour est le seul et unique AMOUR qu'une femme puisse réellement rechercher. Tu as les mots que personne ne peut avoir sur cette terre. Et souvent, je dis que la langue française n'est pas complète car certains mots ne correspondent pas à mes attentes.

Tu nous as fait la grâce de nous donner la langue des anges et je l'utilise pour te déclarer mon Amour.

En toi, il n'y a aucune ombre de variation, comment ne pas trouver des qualités en toi ?

Nous les Hommes, nous en connaissons que quelques-unes, mais mon esprit me dit qu'il y a d'autres que nous devrons encore découvrir.

Je peux citer tous les qualificatifs du monde, je peux prendre tous les dictionnaires de ce monde, mais rien, je ne dis bien rien ne pourrait traduire ce sacrifice que tu as fait pour moi à la croix.

Toi qui es Dieu tu as fait cela pour moi.

Qui suis-je pour te donner, t'attribuer des qualités que l'homme a définies ?

Ton Amour résume tout pour moi.

En tant qu'épouse et si tu me donnes cette grâce, je parlerais de toi à travers le monde, je serais cette femme qui marche selon ta volonté et dans tes voies.

Tu es le seul Homme qui ne puisse blesser mon cœur. Tu ne peux que me conduire partout et je sais qu'avec cette assurance et Saint Esprit qui est mon avantage, j'irai encore plus haut, de Gloire en Gloire, juste pour te servir et rappeler au monde que ***Mon Jésus est vivant et que je suis le témoignage vivant de sa Grâce.***

Être ta prophétesse, voilà mon devoir et par la puissance du Saint Esprit je vais le remplir.

Ton épouse, celle dont le
cœur est Bleu de foi, rien
que pour toi Jésus. Je t'aime.

23/08/20

Avec le Seigneur il faut demander à avancer mais lui faire confiance est la base. Jésus ne force pas le passage dans ta vie, il demande toujours un accès, une permission pour venir dans ta vie.

Depuis plusieurs semaines ou quelques mois, j'ai vécu une dépression. Personne autour de moi ne le savais, je ne savais pas comment en parler et surtout vers qui me tourner.

Dieu est Souverain et en dehors de lui, il n'y a personne. Mes pensées étaient attaquées, tout passait dans ma tête et j'ai même faillis croire que Dieu n'était plus avec moi à cause de toutes ces choses qui m'arrivaient.

J'ai subi deux accidents de la circulation les **27/07/20 et 04/08/20**. Cela m'a vraiment traumatisé car dans le premier un monsieur a été blessé et le chauffeur a refusé de le conduire à l'hôpital et au cours du deuxième qui était plus violent ; le taxi dans lequel j'étais a perdu un pneu et la personne qui a causé cet accident n'a pas daigné s'arrêter pour voir ce qui avait pu se passer. Mais après avoir repris mes pensées en main je me suis rendue compte d'une chose ; que Jésus avait ordonné à ses anges de me garder et la paix était en moi.

Une chose peut se produire mais Dieu ne permettra pas qu'un incident puisse arriver à son temple que tu es.

J'ai pu en parler mais cela a été vraiment difficile pour moi, c'était un peu douloureux car j'avais l'impression que tout autour de moi était contre moi.

Je rends grâce à Dieu car il m'a permis de me relever et de sortir de là en lui parlant, en pleurant dans ses bras. Je vous assure que Jésus est simplement **AMOUR** ; le mot est petit pour traduire ce que je ressens véritablement.

06/12/20

Pendant ce temps les autres sont en train de se réjouir à l'église avec le concert de réjouissance que nous avons organisée pour le Seigneur, mais moi je suis là derrière mon ordinateur.

Ce n'est pas être à la maison, mais c'est faire un point avec Jésus.

Vous savez, beaucoup de choses ce sont passées. Hier j'ai pleuré et je me suis considéré comme pécheresse, oubliant qu'en donnant ma vie à Jésus j'ai été justifié et je suis devenue juste et donc que je n'ai plus de condamnations, je peux m'affaiblir mais mon Jésus est tout puissant pour me relever.

Vous savez j'ai lutté avec une œuvre de la chair avant de rencontrer le Seigneur, car il faut savoir différencier quand c'est le diable et pas lui.

J'étais vraiment une fille qui avait des soucis avec tout ce qui est œuvre de la chair dans le passé, souvent je passais juste devant un fait divers et cela réveillait en moi des sensations bizarres. Je me connectais sur des sites de rencontres pour avoir des personnes avec qui discuter car je me sentais seule, souvent incomprise car personne n'avait de temps pour échanger avec moi alors que j'avais besoin de parler.

Souvent nous chrétien nous oublions que nous avons Saint Esprit avec nous et qu'avant toute personne il est le premier à me tendre l'oreille pour écouter tout ce que j'ai sur le cœur. Il ne faut jamais oublier cela.

Souvent je me repens de ne pas reconnaître sa présence pour ces petites choses alors qu'il me regarde simplement.

J'étais tombée dans un pêché comme je le dis, peu après ma conversion et cela m'a fait du mal car je pensais que Dieu lui-même m'avait rejeté car je suivais déjà des enseignements sur le Seigneur.

Je me suis renfermé et parce que j'étais déjà née de nouveau, je pensais que je n'avais plus de chance. J'étais retourné discuter avec des gens de mon passé ; car je ne voulais plus qu'ils fassent encore ces choses (une vie dépravation, une vie de débauche), je voulais qu'ils changent de vie. Je les voyais dans cela et je me suis souvenue que moi aussi j'étais ainsi, alors j'ai été motivé à aller vers eux sans avoir été affermi au préalable. Jésus pouvait dire à Pierre dans **Luc 22 :32** « **Mais j'ai prié pour toi, afin que ta foi ne défaille point ; et toi, quand tu seras converti, affermis tes frères.** » Affermir ici veut dire : rendre stable, rendre ferme, rendre constant, confirmer son esprit.

Je ne vous le cache pas, le diable est très subtil, il connaît tes faiblesses également et quand j'ai vue qu'au lieu de la compassion cela se changeait maintenant en attirance, j'ai su que cela aurait pu m'emporter moi-même alors j'ai abandonné, car quand tu n'es pas affermi, ne te lance pas dans une chose qui pourra te perdre même si ton zèle déborde dans tous les sens. Alors j'ai pris mes pieds et j'ai fuis, **1 corinthiens 6 :18** « **Fuyez l'impudicité. Quelque autre péché qu'un homme commette, ce péché est hors du corps ; mais celui qui se livre à l'impudicité pèche contre son propre corps.** »

J'ai coupé le contact avec plusieurs, je sentais que ces personnes me remmenaient vers le monde que j'avais décidé de laisser ; et j'ai préféré être traité de mauvaise juste pour me préserver moi-même, c'est bien d'avoir du zèle, mais il faut l'avoir au bon moment, oui il faut sauver ceux qui sont dans le monde, mais il faut d'abord être solide soit même sinon lorsqu'une petite adverse viendra tu vas t'ébranler.

Ne pas avoir connaissance de la Parole et ce qui est notre héritage nous crée beaucoup de soucis.

Alors le diable a semé et déposé pour lui très rapidement dans mon cœur, que personne ne m'aimait ; dans la même période j'ai eu besoin de prières et je n'avais personnes pour le faire pour moi, besoin de soutien et comme par hasard tout le monde était occupé.

Et là, il a ramené une chose qui n'avait rien à avoir avec ce que je traversais ; un complexe que j'avais avec mon corps, en particuliers mon ventre, me disant que si j'étais mince comme les autres filles peut être que j'aurai eu des gens qui allait courir pour moi et qui m'auraient écouté.

Dans le « monde parallèle », on me disait souvent que j'avais un corps sexuel et cela attirait les hommes à moi et leur seul désir à cette période c'était de me connaître et s'en aller bien évidemment.

Oui je le reconnais et cela était dû à des esprits, quand nous ne sommes pas conscients de cela nous demeurons dedans, j'avais été délivré de ces esprits et cela n'est plus mon partage au Nom De Jésus.

Père je te cherche et j'ai des faiblesses, comment faire pour m'en sortir, ne plus être liée à ces œuvres et être totalement être dévouée à Jésus comme au premier jour ?

Tu es le Dieu de miracles et toutes choses sont possibles par toi.

Vous savez prier pour les autres, leur annoncer la parole et surtout ce que la Bible dit sur cela est bon, mais tant que cela ne s'applique pas à nous même cela n'a aucun sens.

Revenons à ce j'avais qualifié de pêcher, je disais ; je suis tombée et j'étais tellement remplie de culpabilité que je n'avais pas vue l'Amour de Jésus qui était là pour moi. En fait, Jésus ne m'avait pas jugé, il savait déjà que j'allais retourner parler avec ces personnes car je voulais les sauver, ce qu'Il voulait simplement c'était que je prenne conscience de cela et ou j'aurais pu être conduite si je n'avais pas réalisé à temps que ce n'était pas le moment.

Pour ce qui est des œuvres de la chair, Saint Esprit m'a enseigné qu'il faut réaliser et demander au Père de nous aider à laisser, c'est le Seul qui puisse nous aider en nous donnant sa main.

Lorsque tu es dans une œuvre de la chair, tu peux écouter toutes les prédications, le Pasteur peut tout te dire mais tant que tu n'as pas réalisé que ça te fait du mal et que Jésus a déjà payé pour que tu ne puisses plus être sous ce joug, tu ne vas jamais quitter et abandonner totalement.

Jésus est véritablement celui qui nous sauve quand nous demandons son aide, il répond toujours présent mais il veut faire au-delà de ça.

Toi qui lis en ce moment, je ne sais pas ce que tu traverses ou ce que tu as traversé comme épreuves de la chair, mais Saint Esprit est celui qui nous donne cette force.

Cela n'a pas été facile au départ car reconnaître son problème, l'avouer et recevoir de l'aide sont souvent des choses difficiles. Mais j'ai fait l'effort et j'ai vraiment criée car moi-même je suis passé par là, cela me détruisait en pensées. Être devant les gens et se sentir coupable, tu ris, tu pries mais au fond de toi tu te dis et si Saint Esprit le montre à cette personne comment ferais-je ? Ils diront elle aussi comment elle a pu, oubliant que tous tes combats tu les mènes avec le Seigneur et tu peux être vulnérable.

Nous avons tout ramené au péché du sexe, oubliant que cela va bien au-delà de celui-ci.

J'ai dépassé cela avec la force du Seigneur et non la mienne, moi-même je ne pouvais rien faire, mais le Saint Esprit est cette force qui pouvait le faire.

Je suis allée à ses pieds et j'ai reconnu ce que j'étais, ce qui me retenais et me dérangeait, je vous assure que j'avais toujours une opportunités de discuter avec eux, mais plus je disais c'est fini, je me rendais compte que les occasions se créaient, j'ai compris que cela ne venait pas de Jésus ; (être en contact de la Parole de Dieu revient à se mirer chaque jour dans chaque verset, et lorsqu'une chose est contraire je culpabilisais au même moment, me sentant sale car même si ce n'était pas grave selon moi, mais un pêché en reste un, ils ont tous la même valeur pour résumer), je lui ai dit que ma force ne peut rien, j'ai essayé, j'ai évité, je me suis caché mais j'ai vu que cela me dépassait totalement. Essayer de se délivrer soi-même est quasiment impossible, car au moment où tu décides de quitter cela, le niveau augmente et la tentation grandit.

Et là ; tu vas te rendre compte que tu retournes dans ce trou que tu voulais laisser. Si je n'avais pas laissé Jésus prendre toute la place dans ma vie, je ne pourrais pas te parler de cela aujourd'hui.

Entre la réalité et la vérité il y a un grand fossé, mais le pont qui permet de passer d'un bord à l'autre c'est Saint Esprit.

Jésus est ma force et il n'est pas simplement celui qui me sauve mais celui qui règne sur ma vie. Il est avant tout mon Seigneur et ces choses que je fais ne l'honore pas du tout, alors parce que je l'aime et qu'IL est mon Papa, je dois accepter de m'en débarrasser.

Aujourd'hui je te partage cela pour te dire que nous pouvons vivre pleinement la vie de Christ sans pourtant retomber dans ce qui nous qualifiait hier ; je parle du mensonge, des commérages, de la haine, de la rancune, de l'alcool, des toutes ces choses... Dieu aime le pêcheur mais pas le pêché, **Psaumes 25 :8** « **l'Éternel est bon et droit : C'est pourquoi il montre aux pécheurs la voie.** ».

C'est pour cela qu'il faut avoir pleinement confiance en ce Dieu qui nous a sauvé.

Il a créé toute chose, même si c'est un pêché que tu feras dans vingt ans, il le sait déjà mais à chaque fois, il te donne son onction qui est une force pour les épreuves de demain.

Même quand Jésus n'avait pas encore reçu le Saint Esprit, il vivait une vie ordinaire sans pêcher, il était un enfant simple et respectueux envers ses parents. S'IL est notre modèle parfait, alors nous devons essayer de l'imiter. C'est vrai que c'est souvent difficile, car le diable également envoie sa horde de démons vers toi pour te pousser à bout, mais résiste.

Dire et appliquer sont vraiment deux extrêmes, mais Saint Esprit peut tout, retiens qu'il est ton avantage et qu'une vie chrétienne sans lui n'a aucune saveur. C'est lui ton avantage, ton guide.

Le diable est venu tout pervertir dans ce monde, il a tout ramené aux gains faciles, à la violence et au sexe pour ne citer que cela. Il sait que son temps est compté alors, il cherche à emmener une grande partie avec lui, mais je sais que Jésus te veut et que son plan pour toi va au-delà de ces mensonges de l'ennemi, garde la foi et prends courage.

Et sur le chemin, il m'a donné de comprendre des mystères dont nous parlerons dans les prochains livres, l'intimité la clé par excellence.

Ne recherche pas seulement Jésus, mais cherche à être son intime, si tu atteins ce niveau, tu auras de grand privilège pas physique forcément. Quand nous entendons privilèges, nous pensons directement aux biens, il faudrait changer cela, si tu ne cherches pas le Seigneur avant tout, ta vie ne sert à rien. **Matthieu 6 :33** « **Cherchez premièrement le Royaume et la justice de Dieu ; et toutes ces choses vous seront données par-dessus tout** ».

En cherchant le Jésus et en travaillant pour lui, j'ai trouvé la vie, j'ai trouvé L'Amour et j'ai rencontré l'amour. Ne te sers pas du Seigneur mais sers-le et tu verras sa Gloire.

Notre amour pour lui est souvent intéressé et c'est ce qui nous trompe. Offre ta personne à Jésus et tu verras qu'IL lui donnera une forme et IL donnera de la saveur à ta vie. Il te donnera sa personne, il te montrera l'Amour.

X/ L'amour selon le Seigneur

Quand nous devenons chrétiens, nous voyons tout comme du diable, œuvre de la chair et j'en passe.

Dieu lui-même veut que nous ne soyons pas seul sur la terre, car cela nous évitera de faire des bêtises, de vivre dans la pêché et surtout ; cela nous permet de marcher dans les voies du Père, se marier est sa volonté.

Je ne suis pas expérimenté, mais je vais vous partager ce que le Seigneur m'a donné comme expérience.

Je veux te partager ici l'amour selon Dieu et non les hommes.

Pour commencer, nous allons parler « du monde parallèle », pour mieux comprendre.

Dans ce monde, tout semble rose et beau, tout semble parfait car on a ce que notre cœur désir mais qui nous détruit souvent un peu, bien qu'on ne le comprenne pas.

J'étais une fille assez spéciale, je ne savais pas dire non aux hommes et encore moins refouler une personne car j'avais subi cela et je ne souhaitais pas à mon tour le faire à autrui.

Je me laissais entraîner par mes pulsions et mes sentiments me conduisaient toujours dans des relations rocambolesques.

Je ne me préoccupais pas de l'apparence de la personne qui était devant moi, du coup je ne pouvais pas discerner plusieurs choses et hop, je tombais toujours dans des relations et je perdais vraiment mon temps.

Je pensais que la vie était belle car pour moi, si un homme avait une très bonne situation sociale et salariale, franchement je ne pouvais pas me plaindre, il avait une bonne apparence me disais-je.

J'aimais aller en balades en dehors de la ville pour déstresser et changer d'air et pour cela ; j'avais besoin qu'on m'y conduise toujours, du coup les ex que j'avais, étaient toujours véhiculés et bizarrement c'était pour la majeure partie des directeurs et pour moi c'était bien (je parle du titre et de la voiture, pas les moyens financiers).

Je me suis même mise dans la préparation d'un mariage sans discerner, vous savez souvent nos désirs nous conduisent dans les ténèbres car nous avons un voile sur les yeux.

Être avec un homme qui a du temps pour vous quand il le décide et quand ses pulsions montent, ce n'est pas évident mais « l'amour sensationnel » nous pousse à trouver des excuses pour chaque attitude adoptée par l'autre surtout lorsque nous ne voulons pas avoir mal encore une fois.

En dehors de lui, ma famille et moi, aucun membre de sa famille n'était au courant de cette union qui se préparait de mon côté.

Sincèrement, je suis allée vers ma famille pour défendre cette cause que je pensais vraiment noble, mais je me trompais, je faisais fausse route. Je pensais vivre l'amour mais ce n'était pas le cas.

Et je l'ai compris à mes dépens et j'ai décidé de quitter cela, car j'avais choisi Jésus et il m'a ouvert les yeux, il a ôté le voile que j'avais sur les yeux.

Je ne vais pas vous dire que c'était facile, sinon je mentirais, c'était vraiment douloureux car ma chair me rappelait tous les moments passés et les promesses faites. Les sorties, les jeux, les histoires, c'était horrible de se dire que c'était fini, qu'il fallait passer à autres choses. Je me suis même demandé si ce qui était écrit dans le Bible était seulement ce qui devait être fait. La réalité, c'est un monde, mais la foi nous donne l'assurance que si tu acceptes Jésus, lui seul peut te donner le meilleur.

J'avais demandé à Jésus la force de passer cette étape, car moi-même je ne pouvais pas, je n'avais aucune force en réalité, j'avais tellement mal, je cherchais des solutions, même celle de le conduire à Jésus car je ne voulais pas le laisser partir comme ça. Après autant de souffrances, vraiment c'était fort quand même.

Et sans avoir un réel espoir, l'aide que j'ai demandé à Jésus, il me l'a donné, il m'a donné la force et il m'a relevé. Dans la Parole il est dit, précisément dans le livre de **Ésaïe 40 :29** « **IL donne la force à celui qui est fatigué, IL augmente la vigueur de celui qui tombe en défaillance.** ». IL l'a fait pour moi et je sais qu'IL le fera aussi pour toi, car IL est fidèle à sa Parole et à ses promesses.

Du coup, je ne m'occupais plus de tout ce qui est sentiment, je cherchais plutôt à grandir dans la foi et surtout à m'affermir au travers des enseignements, la prière mais aussi en parlant de ce que Jésus avait fait pour moi ; par les témoignages.

J'avais décidé de le chercher lui et personne d'autre. La seule personne qui restait dans l'ombre et qui me soutenait toujours, c'était lui. Alors si je devais poursuivre une cause, défendre un amour, c'était vraiment celui de Jésus. Son amour ne faillit pas et reste-le même. Et ça allait, même si c'était souvent dur, mais Saint Esprit me donnait la force. Quand tu suis le Seigneur, il y a toujours des épreuves mais si tu as décidé d'avoir Jésus comme Roc, tu ne seras jamais déçu. Le diable fera tout pour te ramener de son côté en mettant des pensées contraires, en mettant le tort sur Jésus et en te promettant un monde qui cache une très grande souffrance. Tu as choisi la bonne part, alors reste avec Jésus, soupe à sa table car tu es son invité de marque.

Puis un jour, il a mis un jeune homme sur mon chemin, mais juste pour que je lui apprenne certaines choses, celles qu'IL m'avait déjà permis de traverser avec lui, la foi, l'assurance dans les paroles, l'assurance en Dieu, que la vie spirituelle n'est pas une utopie mais la vérité, que même si tu sers le Seigneur tu ne dois pas être malheureux au contraire c'est un privilège et que je lui montre que ce n'est pas impossible avec Dieu, surtout en matière de foi et de persévérance. Avant d'être en Jésus, je ne vais pas dire que j'étais incrédule, mais j'étais plutôt cartésienne, j'avais trop d'idées arrêtées, mais Saint Esprit avait commencé à travailler dessus bien avant que je m'en rende compte.

Peu après, lors de nos échanges, le Seigneur a commencé a parlé à chacun de nous, au départ j'ai rejeté car je disais « ça c'est ma chair qui parle, je disais même satan loin de moi, ce n'est pas lui, c'est mon frère alors je ne dois pas avoir ce genre de pensées ».

J'ai découvert qu'il était l'amour que Dieu voulait pour moi, du moins l'homme dont je suis la côte.

Au départ, l'amour que Dieu veut pour nous ou l'homme de notre destiné n'a pas la forme que nous voulons, j'ai pu apprendre avec le temps qu'il est « tohu-bohu » comme le dise les écritures et avec l'aide de Saint Esprit, il prendra la forme que tu veux et qui répond également à la volonté de Dieu.

Tout repose dans le discernement, une perle pour la trouver il faut creuser, l'emballage n'est pas souvent beau, mais le contenu est le plus important. Si tu es charnel tu vas rater la volonté de Dieu, il faut véritablement, regarder avec les yeux de l'esprit.

Oui en Christ nous avons le droit d'être amoureuse ; en vérité pas parce que nous l'avons reçu en rêve ou encore en vision, car comme le disent nos pères, on ne se marie pas révélation mais par amour véritable.

Si nous remontons dans le livre de la Genèse, quand la terre était informe et vide, l'Esprit de Dieu était déjà là, et Dieu a parlé tout au long de la création, il a commandé par sa parole et tout a vu le jour. Nous pouvons faire ce parallèle avec l'amour. Généralement la personne qui vient n'est pas du tout ce que tu aurais pu penser ou encore moins imaginer, mais dis-moi, pour trouver le plus beau diamant, les chercheurs de pierres ont dû se salir, creuser peu importe les intempéries ; puis le bijoutier l'a mis en valeur. Alors cette personne est ce diamant qui au départ ne ressemble à rien, mais ta parole soutenue par le Saint Esprit insuffle en lui cela. S'il est vilain déclare qu'il a la beauté de Jésus, s'il est colérique déclare qu'il est l'homme le plus doux.

Je ne te parle pas d'un film, je te parle d'une chose que j'ai faite, et Saint Esprit m'a aidé à payer le prix pour que cela devienne réalité. Un homme n'est pas parfait, il n'est pas idéal, il n'y a que Jésus qui le soit, mais aspire à ce qu'il soit comme Jésus, qu'il manifeste le caractère de Jésus et tu verras.

Malheureusement, nous sommes trop focalisés sur des détails qui n'ont pas d'importance, cet homme qui est mon fiancé aujourd'hui n'avait pas imaginé que je pouvais être celle qu'il cherchait, moi encore moins. Le plan de Dieu n'est pas le nôtre.

Plusieurs mariages aujourd'hui souffrent car nous avons mis les artifices en avant, nous avons oublié la base de l'amour qui est Dieu, la grâce de vivre en harmonie qui est Jésus notre Amour parfait et la force qui est Saint Esprit, notre avantage ; le meilleur allié que nous puissions avoir dans la vie. Si tu ne fais pas ces combinaisons, mon frère/ ma sœur, tu seras dans le trouble, ton mariage sera « tohu-bohu » car l'éclat d'un artifice s'estompe mais la Gloire de Dieu demeure à jamais.

Si tu as fait ce genre de choix et que tu sois déjà marié, ce n'est pas trop tard, demande à Dieu comment faire pour consolider cela mais selon son plan. Dieu n'est pas le méchant du film, mais celui qui veut que nous vivions en paix et que sa Gloire soit toujours vu au travers de nous.

Et moi j'ai rencontré cet amour dont parle le livre de la **Genèse 2 :23-24** « **Et l'homme dit : Voici cette fois celle qui est os de mes os et chair de ma chair ! On l'appellera femme, parce qu'elle a été prise de l'homme. C'est pourquoi l'homme quittera son père et sa mère, et s'attachera à sa femme, et ils deviendront une seule chair.** ».

Il n'avait ni éclat ; ni beauté et lui-même se demandait qui aurait bien pu le regarder, des pensées que nous avions en commun car j'avais pensée ainsi à un moment de ma vie mais Jésus a vite changé cela.

Tout est possible en Jésus, garde la foi, mets véritablement ta confiance en Dieu et il te fera voir sa Gloire au-delà de tout.

Il fallait faire un détour sur ce passage. Ce n'est pas pour dire que le mariage est la finalité, mais que c'est une des choses que Dieu veut pour nous.

C'est triste de voir que nous nous focalisons sur le mariage et nous avons oublié la volonté de Dieu pour nous sur la terre, en rencontrant mon fiancé j'étais en train de chercher Jésus, j'étais en train de faire son œuvre.

Moi-même j'étais dans cette erreur et Jésus m'a ouvert les yeux, alors IL me dit de le partager avec toi. Peu après je me suis mise à faire sa volonté **Matthieu 28 :19** « **Allez, faites de toutes les nations des disciples, les baptisant au nom du Père, du Fils et du Saint-Esprit** ». J'allais évangéliser lors de nos programmes à l'église mais aussi chaque jour au travail et dans ma famille.

Au travail tous mes collègues savent que chaque jour de la semaine est pour le Seigneur, au départ ils disaient que j'en faisais trop car je ne perdais pas une minute ici pour aller à l'église, mais j'ai appris que c'est bien si cela est vu par les autres car ils savent que je suis disciple de Jésus et là, ils ont commencé à me demander à prier pour eux, ils ne sont pas encore en Christ, mais je garde la foi et cela se fera un jour.

Aujourd'hui mes ex qui ont voulus reprendre contact avec moi ont donné leur vie à Jésus car je ne voulais pas les voir se perdre, ma maman a également donné sa vie à Jésus et je ne compte pas m'arrêter là.

Car je sais que Jésus doit être annoncé à tous ; même ceux à qui nous ne pensons pas.

Alors vaillant soldat, lèves-toi, car le réveil ne va pas attendre que tu te décides. Ne laisse pas l'époux te surprendre à ne rien faire, sois au champ, annonce, publie et crie après lui.

Les temps sont mauvais et cela a déjà commencé, ressaisis-toi.

CONCLUSION

Ce livre est mon histoire avec Saint Esprit avant d'avoir donnée ma vie à Jésus et pendant mon parcours de la vie chrétienne.

L'écrire a été un challenge mais aussi une découverte de ma propre personne.

Dieu a déposé des trésors en nous, mais nous ne les voyons pas car nous sommes préoccupés à convoiter les biens des autres, à négliger qui nous sommes et à considérer que ce qui frappe aux yeux.

Chaque Gloire a une histoire et envier celle de l'autre c'est demander à Dieu de nous faire payer le prix que cette personne a dû faire, donc double charge pour nous.

Le Seigneur veut te transformer, car tu es une merveille, un trésor inestimable sinon IL n'aurait jamais accepté de mourir sur La Croix, l'emblème du Chrétien pour nous.

Le changement est progressif, alors laisse le Seigneur agir, donne lui l'accès à chaque partie de ta vie car il doit tout changer en toi pour faire sortir la meilleure version de toi.

Suivre Jésus n'est pas facile car il devra enlever le mauvais que le diable a mis en toi à travers toutes ces choses qu'il a téléchargé dans ton esprit. IL doit s'assurer de ta nouvelle naissance et que tu comprennes véritablement le Symbole de La Croix car c'est le départ de tout et Notre raison sur terre.

Christ a donné sa vie pour nous, et par amour nous devons l'annoncer à ceux qui ne le connaissent pas encore et ramener tous ces captifs que le diable veut tenir sous son joug car il sait que le temps est compté.

Ressaisis-toi et remets toi dans la course si tu as quitté les rangs, fortifies toi si tu es toujours dans la course et que tout ne semble pas rose comme tu veux.

IL a dit dans la Parole : **Jérémie 29 :11** « **Car je connais les projets que j'ai formés sur vous, dit l'Éternel, projets de paix et non de malheur, afin de vous donner un avenir et de l'espérance** ».

Alors serres cette parole dans ton cœur car Notre Dieu ne se repend pas de Ses Paroles, **Nombres 23 :19** dit « **Dieu n'est pas un homme pour mentir, ni fils d'un homme pour se repentir. Ce qu'IL a dit, ne le fera-t-il pas ? Ce qu'IL a déclaré, ne l'exécutera-t-il pas** ? ».